HOW **FOOD** WORKS

"万物的运转"百科丛书
精品书目

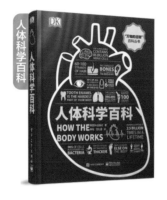

更多精品图书陆续出版，
敬请期待！

"万物的运转"百科丛书

人类食物百科
HOW FOOD WORKS

英国DK出版社 著

寻知庆 何 霜 译

电子工业出版社
Publishing House of Electronics Industry
北京·BEIJING

Original Title: How Food Works

Copyright © 2017 Dorling Kindersley Limited

A Penguin Random House Company

本书中文简体版专有出版权由Dorling Kindersley授予电子工业出版社。未经许可，不得以任何方式复制或抄袭本书的任何部分。

版权贸易合同登记号　图字：01-2018-3253

图书在版编目（CIP）数据

人类食物百科 / 英国DK出版社著；寻知庆，何霜译. —北京：电子工业出版社，2019.3
（"万物的运转"百科丛书）
书名原文：How Food Works
ISBN 978-7-121-35551-6

Ⅰ.①人… Ⅱ.①英… ②寻… ③何… Ⅲ.①食品科学—普及读物 Ⅳ.①TS201-49

中国版本图书馆CIP数据核字（2018）第259559号

策划编辑：郭景瑶　张　昭
责任编辑：雷洪勤
印　　刷：鸿博昊天科技有限公司
装　　订：鸿博昊天科技有限公司
出版发行：电子工业出版社
　　　　　北京市海淀区万寿路173信箱　邮编　100036
开　　本：850×1168　1/16　印张：16　字数：460千字
版　　次：2019年3月第1版
印　　次：2024年5月第4次印刷
定　　价：128.00元

凡所购买电子工业出版社图书有缺损问题，请向购买书店调换。若书店售缺，请与本社发行部联系，联系及邮购电话：
（010）88254888，88258888。

质量投诉请发邮件至zlts@phei.com.cn，盗版侵权举报请发邮件至dbqq@phei.com.cn。

本书咨询联系方式：（010）88254210，influence@phei.com.cn，微信号：yingxianglibook。

目 录
CONTENTS

食物种类

饮料

饮食

食物与环境

食 肉

200多万年前，我们的祖先开始吃肉。肉类可以提供额外的能量，这促使我们祖先的大脑体积逐渐变大且需要更多的能量，而消化肉类所需的能量减少，使人体的肠道逐渐变小。然而，肉类对于大多数远古人来说是稀有的，他们仍然主要依赖野生谷物等植物性食物。

烹 饪

20万年前，我们的祖先在进化为智人之前就学会了烹饪。烹饪使食物更容易消化，人类不必再花费太多的时间和精力来咀嚼和加工它，这意味着人类可以从食物中获取更多的热量。烹饪除了可以扩大饮食范围，也使人类的下颚肌肉和肠道进一步变小、大脑体积进一步增大。

80万年前
掌握了火

7万年前
使用烹饪灶

15000年前
发明面包
（未发酵的）

200万年前　100万年前　50万年前　5万年前　1万年前

12000年前
驯化山羊

9500年前
栽培水稻

9500—8000年前
驯化绵羊

饮食文化史

饮食在人类进化过程中发生了巨大的变化，也使我们的身体随之变化。确定这些变化发生的年限是非常困难的。比如，烹饪到底是起源于30万年前还是180万年前，这取决于专家如何解释那些考古和遗传证据。尽管如此，科学家仍在尝试绘制一张年代图来解释饮食史是如何影响我们的。

饮食里程碑

几千年来，我们身体的生理结构随着饮食变化而不断进化。虽然对很早之前出现的食肉和烹饪做出了相应的进化，但我们是否能够适应新的饮食变化还有待考察。显而易见的是，现代饮食中高能量的食物可能不利于我们的身体健康。及时地了解食物的历史有助于我们选择更健康的饮食。

为什么许多亚洲人不宜喝牛奶？

牛奶中乳糖不耐受现象在亚洲人群中更为普遍，这是因为亚洲比世界其他地区更晚引进奶牛。

伟大的哥伦布大交换

在15～16世纪，欧洲人和美洲的土著人开始了前所未有的食物交换，这些食物都是对方从未见过的。马铃薯和玉米迅速成为旧世界的主食，甘蔗的食用也在美洲得到了蓬勃发展。

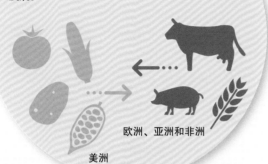

欧洲、亚洲和非洲

美洲

甜食

对于我们的祖先来说，甜食是一种罕见的美味食物。蜂蜜和成熟的水果是能量的一大来源，但它们是稀缺或季节性的。今天，我们被随处可见的甜食所包围，对它的狂热已经导致了肥胖及其相关疾病的蔓延。

8000年前
驯化牛

7000年前
种植甘蔗

6000年前
发明奶酪和
酒精饮料

公元前1800年
中美洲出现巧克力

997年
"比萨"首次出现
在意大利语中

1911年
美国发明家
用冰箱

5000年前　　公元元年　　1000年　　2000年

6000年前
驯养鸡

4000年前
栽培玉米；在埃及
出现发酵面包

1585年
巧克力传到欧洲

8000年前
种植土豆

粮食的种植为人类定居提供了条件，这加快了人类繁衍生息的速度。大部分地区定居的人口很快超过了依靠狩猎和采集生活的人数。然而，有限的饮食和密集的人群导致他们比狩猎采集者的健康状况更差。

农　业

人类进行食物交易已有几千年历史，但一直到最近，都是耐储存的食物才可以远距离运输。随着制冷、冷冻和快速运输技术的发展，只要你能负担得起，世界各地的美食都可以摆在你的桌子上。

全球冷链

食物学

基　础

营养学基础

　　我们的身体正常运转需要很多东西，包括提供能量的食物、维持身体生长发育的基本物质以及一些少量却重要、用来维持身体新陈代谢顺利进行的化学成分。我们的身体可以利用合理饮食中的营养物质合成它所需要的一切物质。

身体需要什么？

　　水、碳水化合物、蛋白质、脂肪、维生素和矿物质，这些从饮食中获取的必需营养物质能够使我们的身体健康、有效地运转。除基本营养元素外，还有一些非必需、但对身体有益的营养物质，如水果和蔬菜中的植物化学物质和某些鱼类中的脂肪酸。保健品或"功能性食品"，包括含有益生菌的食品（见第87页），它们除了基本的营养价值外，还具有其他对人体有益的功能，如预防疾病。

碳水化合物

碳水化合物是身体的主要能量来源。身体将单糖和复杂的淀粉转化为葡萄糖，从而为细胞供给能量。高纤维的全谷物、水果和蔬菜是最健康的碳水化合物来源。

糖

水

在人体中，水占身体的比重约为65%。水可以通过消化、呼吸、出汗和尿液不断流失，因此定期补水是至关重要的。

盐

水

营养不良

　　营养不良是由于不合理的饮食产生的。缺乏碳水化合物和蛋白质可能导致重大的生长和发育问题；缺乏特定维生素和矿物质可能导致特定的疾病，如缺铁可能导致贫血。营养过剩同样会导致健康问题，如高热量的饮食会造成肥胖。

矿物质

矿物质在各种各样的食物中普遍存在，它们是骨骼、头发、皮肤和血细胞的重要组成成分。矿物质还可以增强神经功能、有助于将食物转化为能量。缺少矿物质可导致慢性健康问题。

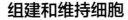

获得我们需要的
我们吃的食物在消化系统被分解和吸收（见第20~21页）。大多数营养物质被小肠吸收。

组建和维持细胞

细胞是组成人体各种组织和器官的基本功能单元。人体万亿细胞中的每一个都是通过饮食获得的营养物质构建和维持的。如果营养不良，细胞不能正常运作，我们的组织和器官可能会受到损害，进而导致一系列健康状况和疾病的发生。

蛋白质
蛋白质可以被分解成氨基酸。虽然蛋白质也可以为身体提供能量，但其主要作用是组织生长和修复。健康的蛋白质来源包括豆类、瘦肉、乳制品和蛋类。

氨基酸

细胞维持
细胞的形成和生长需要许多营养物质支持。细胞主要由氨基酸和一些脂肪酸构成，由碳水化合物和其他脂肪酸提供能量。

细胞膜
细胞质
细胞核

细胞结构

全球大约有1/3的人营养不良。

脂肪
脂肪不仅为身体提供大量能量，还有助于吸收脂溶性维生素。脂肪酸不能由身体自身合成，必须从食物中获得。最健康的脂肪来源于乳制品、坚果、鱼和植物油等。

脂肪酸

维生素
维生素对身体的新陈代谢过程至关重要，尤其是影响组织生长和维持的维生素。大多数维生素不能储存在体内，必须通过均衡饮食定期摄取。和矿物质一样，缺乏某些维生素可导致缺陷性疾病。

什么是"健康饮食"？

健康的饮食是从各种不同食物中来获取适量的、身体必需的全部营养物质。健康的饮食有助于保持健康的体重。

饥饿和食欲

饥饿对我们的生存至关重要，它确保我们摄入足够的食物来确保身体正常运转。但是，很多时候我们吃东西不是因为我们饿了，而是因为我们喜欢食物，这就是我们所说的食欲。

饥饿和饱腹感

饥饿由一个复杂的相互关联的系统控制，包括大脑、消化系统和脂肪存储器官。吃饭的欲望可以由低血糖或空腹等内部因素触发，也可以由外部因素产生，如食物的外形和气味。吃过食物后，身体会产生饱腹感的信号，这代表我们已经吃得足够多了。

饥饿与食欲

食欲与饥饿有所不同，但两者有联系。饥饿是由低血糖或空腹等内部因素所驱动的生理需要。食欲是通过看到或嗅到食物或与食物相关的东西产生的。记忆我们吃过多少食物也很重要，有短期记忆丧失的人可能在吃饭后再次吃饭。压力也可以增加吃饭的欲望。一些物质可以通过对身体的具体行动来控制食欲。

水
水会刺激胃部，产生饱腹感。但是这种饱腹感比较短暂，因为水被快速吸收，身体对缺乏营养物质会做出反应。

纤维
高纤维食物可以减缓胃排空，延缓营养素的吸收，保持更长时间的饱腹感。

蛋白质
蛋白质会影响各种食欲调节激素（如瘦素）的释放，增加饱腹感。

西柚
西柚的香味似乎可以减少迷走神经激活，降低食欲。

尼古丁
尼古丁可以激活下丘脑的受体，减少饥饿信号。

运动
高强度有氧运动会影响饥饿激素的释放，暂时抑制饥饿。

大脑

1 饥饿触发
无论我们是否饥饿，看到食物都可能引发吃饭的欲望（预计进餐时间可以产生同样的反应）。食物通过食道到达胃。

饥饿

生长素释放肽

图注
- ⣿ 生长素释放肽
- ⣿ 胰岛素
- ⣿ 瘦素
- ▬ 迷走神经
- ⋯→ 食物运动路线

2 空的胃部
当胃部空了大约2小时后，肠肌收缩，清除所有的东西。低血糖会加剧饥饿的感觉，一种被称作生长素释放肽的饥饿激素水平也会上升。

胰腺

小肠

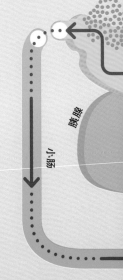

下丘脑从迷走神经中
收到"饱"的信号

6 **大脑接收到"饱"的信号**
迷走神经将信号直接传递
到下丘脑，告诉大脑食物已被
吃完并减少饥饿感。

饱腹感

瘦素

5 **瘦素传递到大脑**
脂肪细胞释放一种被称
作瘦素的饥饿抑制激素。吃完之
后，瘦素分泌增加，感觉吃饱。
（相反，瘦素水平随着禁食而下
降，促使我们感到饥饿。）

胰岛素

4 **胰腺释放胰岛素**
胃部扩张和血液中
葡萄糖的升高会引起胰
岛素释放。这促使葡萄糖
在肝脏中转化为糖原然后
转化成脂肪。胰岛素也可
能使大脑对饱腹感信号更
敏感。

胃

拉伸受体

脂肪组织

3 **胃部伸展**
当胃被填满时，拉伸受
体会发现胃部扩张，释放减
少饥饿的化学物质。（液体，
包括水，可以暂时使胃部扩
张，但由于它们很快被吸收，
所以很快又会感到饥饿。）

葡萄糖从消化的食物
释放到血液中

食欲和肥胖

患有肥胖倾向的人可能会对
外部饥饿因素产生不同的反应。
他们对饥饿抑制激素——瘦素较
不敏感。遗憾的是，把瘦素作为
药物服用对肥胖并不起作用，身
体会迅速适应，甚至对瘦素更不
敏感，即使在高剂量下。

外部刺激
产生饥饿

瘦素释放没有反应

脂肪组织

挑食

挑食是对某种食物产生强烈和具体的
渴望，我们大多数人都经历过挑食。挑食偶
尔是由特定营养物质缺乏引起的，这可能是
身体告诉你这个问题的方式。但大多数情况
下，挑食主要由于压力或无聊引起，纯粹是
心理原因。挑食的食物脂肪或糖含量通常很
高（或两者都很高），这在食用时会使大脑
涌现令人愉快的化学物质。可能是这种愉快
的感觉造成我们挑食，而不是实际的食物。

铁钉

粉笔

为什么肚子在饿的时候
会咕咕叫？

摄入食物后，胃肌肉收缩，将它们
推到肠道。在空腹的情况下，这种
情况仍然会发生，但由于没有什
么东西可以阻碍声音，所以你
听到了咕咕叫的声音！

肥皂

不自然的欲望
有些人，特别是孕妇或非常
年幼的儿童，对非食物物
质，包括土壤、粉笔、铁钉
和肥皂产生欲望。心理学家
称为"异食癖"。

风　　味

我们吃食物不仅因为我们需要，而且因为我们喜欢吃，这至少在一定程度上归因于它们的风味。食物的风味是味道和气味的结合，它可以与我们其他感官结合，共同产生愉快的体验。

是什么让食物产生风味？

在食用物之前或食物正在嘴里时，挥发性化学物质进入鼻子产生气味。与此同时，舌头和嘴巴检测出五种基本味道，它们与气味结合起来产生风味。其他感官对风味产生也有极大作用，如触摸和听觉会使我们了解食物的质地。甚至食物的颜色也会影响我们对风味的感知，一项研究显示，改变橙汁的颜色会影响人们正确识别其味道的能力。

酸
越南蘸酱汁是酸橙汁、咸鱼酱、甜棕桐糖以及大蒜和辣椒的混合物，它可以一次性激活舌头上几乎所有的受体。当味蕾检测到氢离子时，会产生酸味。氢离子主要来自酸性食物，如水果和醋。

蘸酱

杧果条

越南杧果沙拉

干虾米

是否有未被发现的味道？

很有可能；一些人认为金属的味道是一个单独的类别，正如钙的白垩味可以被老鼠和人类尝出。

甜
另一个基本口味是甜。甜味受体可以对果糖（水果中）和蔗糖（甘蔗中）产生反应。一些人造甜味剂，如阿斯巴甜，比糖更甜，这意味着在食物中的用量可以更少。

新的味道

最近，舌头上发现了一种与脂肪酸结合的受体，它可以产生一种"脂肪"的味道。这是否是真正的第六种味道还在争论中。近期的另一项研究表明，人类也可以尝出淀粉的味道，但暂时还没有找到与之结合的受体。油炸的薯条可能会尝出这两种新的味道。

炸薯条

鲜味
鲜味是最近发现的基本味道，来源于日语，大致翻译为"开胃"。食物中的谷氨酸是鲜味的主要来源，在发酵和陈年的食物中含量丰富，如干虾米、酱油和帕尔马干酪。

 西红柿可以释放出222种挥发性化学物质，从而产生风味。

苦
小孩子们经常发现苦味食物不舒服，但许多成年人喜欢苦味，比如茶（包括绿茶）、咖啡和黑巧克力。苦味是最敏感的味道，可能是因为它产生了进化，以防止我们吃有苦味且有毒的植物。

春卷

越南茶

越南茶

咸花生

咸
食盐是氯化钠。我们的嘴里有可以检测钠离子的感受器。它们也能被类似的原子（包括钾）触发，尽管信号不那么强烈。

非味觉

除了五种基本的味道，我们的舌头和嘴巴还可以检测出一些其他没有被归为味道的感觉。舌头上的神经可以检测温度、触觉、疼痛以及食物，它们能激活这些神经产生特殊的感觉。例如，碳酸饮料中的二氧化碳不仅激活了我们的酸味受体，它的气泡也会引起触觉感受器的触发，这两种结合共同产生了嘶嘶的感觉。

感 觉	示 例
涩	茶叶和未成熟的水果中的化学物质会引起黏膜的褶皱，破坏唾液膜，使口腔变得干燥粗糙。
冷	薄荷对舌头上的冷感受器很敏感，给人一种清凉提神的感觉。
辛辣	辣椒中的辣椒素会刺激舌头上的疼痛和热感受器，引起灼烧感。
麻	尽管对产生的原因有异议，但四川花椒会产生麻木或刺痛感觉，可能是通过刺激轻触觉感受器产生。

气味和风味

尽管食物的风味大多来自食物的气味，食物的气味会随着味道而变化。这是因为食物进入我们嘴里时，气味分子会从喉咙后部而不是从鼻子里穿过（见第19页）。这改变了我们感知到的分子以及感知顺序，进而改变了气味感知的差异。这在咖啡和巧克力中尤其明显。

咖啡

巧克力

嗅觉和味觉

食物中的分子在唾液中溶解，当它们接触到舌头时，会产生味觉。食物中释放的挥发性分子被鼻子闻到产生嗅觉。

感知我们的饭菜

空气中的食物或咀嚼过程释放的分子在遇到湿气时溶解，例如鼻子里的黏液或嘴里的唾液。然后，它们可以被特定的神经细胞检测出来。这些细胞将电信号传送到大脑，大脑识别并分辨出每一种气味和味道。我们的鼻子可以闻出数百种不同的气味，但我们的舌头主要检测五种味道——也可能更多（见第16~17页）。

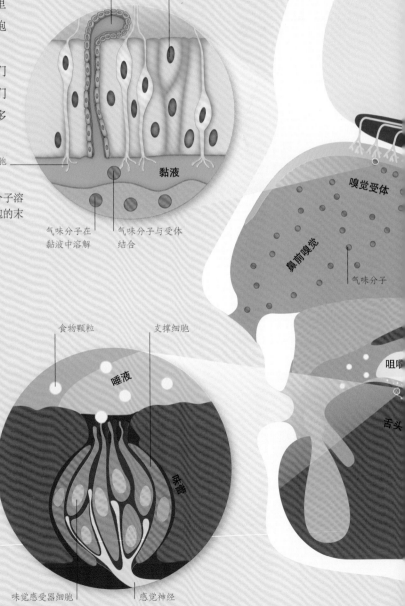

嗅觉是如何形成的
鼻腔内部有一层薄薄的黏液。当气味分子溶解到黏液中后，它们会与嗅觉受体细胞的末端结合。

黏液分泌腺

支撑细胞

嗅觉受体细胞

黏液

气味分子在黏液中溶解

气味分子与受体结合

嗅觉受体

鼻前嗅觉

气味分子

咀嚼

舌头

为什么烹饪的味道会让你垂涎三尺？

当你闻到食物香味时，感觉信息传递到大脑，大脑将神经信号发送到唾液腺。唾液腺分泌唾液为初步消化做准备。

食物颗粒

支撑细胞

唾液

味蕾

味觉是如何形成的
舌头的表面充满了味觉感受器细胞。唾液中溶解的食物和饮料中的化学物质与这些细胞接触后产生味觉。

味觉感受器细胞

感觉神经

舌头上的一个凸起可以容纳数百个味蕾

到达大脑
鼻子里的嗅觉感受器细胞和舌头上的味觉感受器细胞将神经信号发送到大脑，以记录气味和味道。

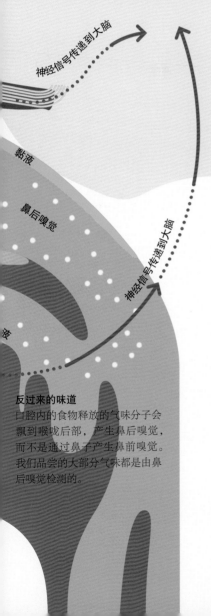

神经信号传递到大脑

黏液

鼻后嗅觉

神经信号传递到大脑

液

反过来的味道
口腔内的食物释放的气味分子会飘到喉咙后部，产生鼻后嗅觉，而不是通过鼻子产生鼻前嗅觉。我们品尝的大部分气味都是由鼻后嗅觉检测的。

为什么食物有味道和气味？

随着人类的进化，我们每天都做出各种各样的食物选择。这意味着我们进化出的味觉受体比那些坚持单一食物的动物要多。对于婴儿，他们喜欢甜的味道而不喜欢苦涩的味道，这被认为是我们的进化史导致的。在过去，甜的味道预示着高能量的食物，苦涩的味道意味着食物可能有毒。我们对咸味和鲜味的渴望可能是由于我们对盐和其他矿物质以及蛋白质的需求导致的。

新鲜的 **腐烂的**

新鲜的还是腐烂的？
区分新鲜的（有营养）或腐烂（潜在危险）的水果对我们的祖先非常有用。

甜

咸

苦

高热量
类似蜂蜜的甜的食物能提供高热量。

重要的矿物质
食盐之所以有味道是因为钠是我们赖以生存的常量矿物质之一。

有毒的迹象
一般来说，苦味意味着有毒的食物，但有了经验，我们就能学会喜欢一些苦味。

为什么飞机餐淡而无味？

飞机上的干燥空气使我们的嘴巴干燥、鼻子不通气，干扰了来自食物和饮料的分子在黏液和唾液中的溶解，这意味着味觉和嗅觉受体细胞无法正确检测分子。由于我们对甜味和咸味食物的敏感性下降了30%，所以飞机上的食物通常是加盐的，以给予额外的刺激。奇怪的是，鲜味似乎不受影响。

营养物质消化

为了让身体吸收营养，食物必须先被分解，这就是消化过程。我们吃的大部分食物都会在几小时内到达肠道，但是它们在肠道里停留多久却因人而异。碳水化合物、蛋白质和脂肪在消化过程的不同阶段被全部分解，纤维会保持相对完整。

吃饭的时候会发生什么？

咀嚼、粉碎、搅拌和消化酶共同作用将大的食物分子分解成可以被血液吸收的较小分子。每种酶都具有特殊的形状，这意味着它只能分解特定的分子，所以从嘴巴到肠道，我们有许多不同类型的酶。

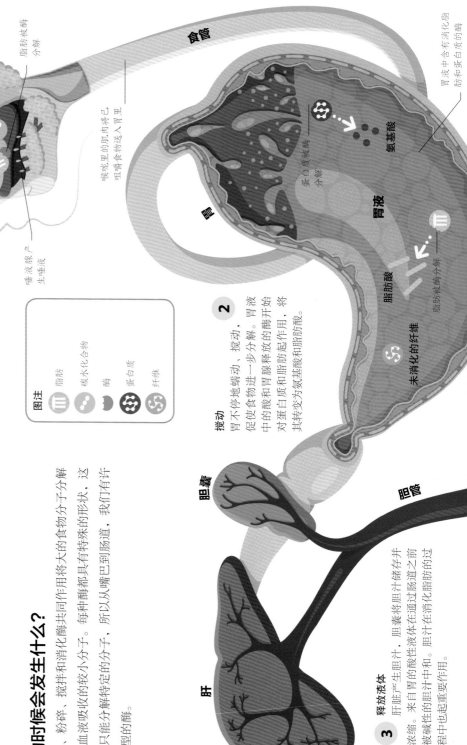

1 进入嘴里

咀嚼可以将食物分解成较小的颗粒，这为消化酶提供了更大的接触表面积。唾液中的酶开始分解淀粉（碳水化合物）和脂肪。

- 淀粉被酶分解
- 脂肪被酶分解
- 牙齿咀嚼食物
- 唾液腺产生唾液
- 唾液腺
- 食管

2 搅动

胃不停地蠕动、搅动，促使食物进一步分解。胃液中的酸和胃腺释放的酶开始对蛋白质和脂肪起作用，将其转变为氨基酸和脂肪酸。

- 喉咙里的肌肉将已咀嚼食物送入胃里
- 蛋白质被酶分解
- 氨基酸
- 胃
- 胃液
- 脂肪酸
- 脂肪被酶分解
- 未消化的纤维
- 胃液中含有消化脂肪和蛋白质的酶

图注
- 脂肪
- 碳水化合物
- 酶
- 蛋白质
- 纤维

3 释放液体

肝脏产生胆汁，胆囊将胆汁储存并浓缩。来自胃的酸性液体在通过肠道之前被碱性的胆汁中和。胆汁在消化脂肪的过程中也起重要作用。

- 胆囊
- 肝
- 肠

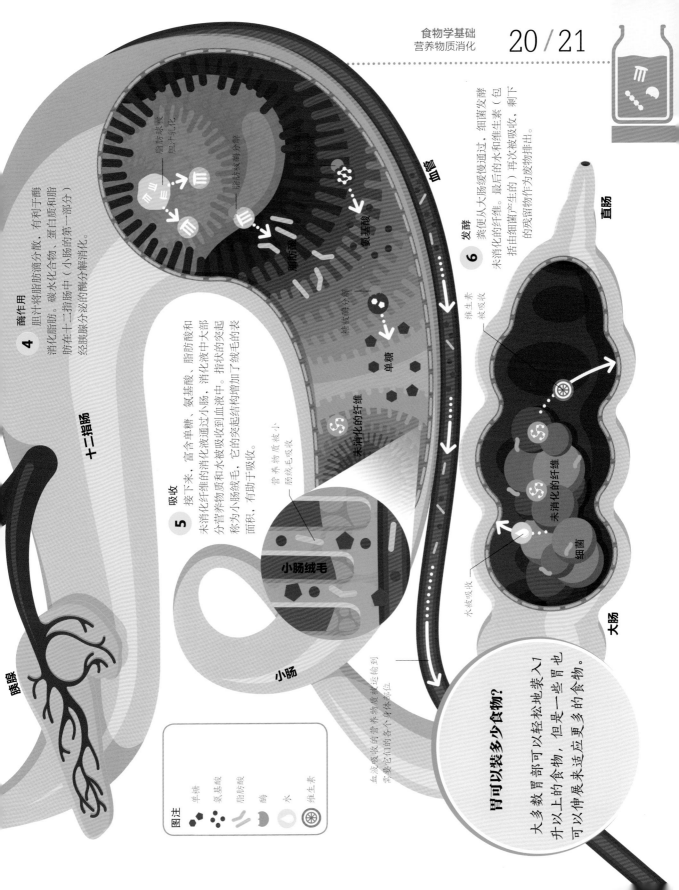

4 酶作用

胆汁将脂肪滴分散，有利于酶消化脂肪。碳水化合物、蛋白质和脂肪在十二指肠中（小肠的第一部分）经胰腺分泌的酶分解消化。

脂肪滴分散
胆汁乳化
脂肪酸分解

十二指肠

脂肪滴
氨基酸

碳水酶分解
单糖

未消化的纤维

胰腺

血管

5 吸收

接下来，富含单糖、氨基酸、脂肪酸、消化水化合物和消化的消化纤维通过小肠。消化液中大部分营养物质和水被吸收到血液中。指状的突起称为小肠绒毛，它的突起结构增加了绒毛的表面积，有助于吸收。

小肠绒毛

营养物质被小肠绒毛吸收

血液吸收的营养物质被运输到需要它们的各个身体部位

小肠

6 发酵

粪便从大肠缓慢通过，细菌发酵未消化的纤维。最后留的水和纤维生素（包括由细菌产生的）再次被吸收，剩下的残留物作为废物排出。

维生素被吸收

未消化的纤维

细菌

水被吸收

大肠

直肠

胃可以装多少食物？

大多数胃部可以轻松地装入1升以上的食物，但是一些胃也可以伸展来应对更多的食物。

图注

单糖
氨基酸
酶
水
维生素

碳水化合物

我们吃的大部分食物都含有碳水化合物。它们包括为身体提供能量的糖和淀粉以及对健康消化系统至关重要的纤维。

碳水化合物会让你变胖吗？

如果摄入太多碳水化合物，它会使体重增加，但复杂的高纤维碳水化合物是健康饮食的关键部分。

什么是碳水化合物？

碳水化合物分子由碳、氢和氧原子组成，通常为六元环或五元环。如果分子含有一个或两个环，它们是糖；但是如果分子中环与直链或支链结合，它们是淀粉或其他复杂碳水化合物。很长、不易消化的长链就是膳食纤维（见第24~25页）。在体内，糖和淀粉可以被转化为葡萄糖，葡萄糖我们身体的主要能量来源。

淀粉

未精制淀粉

全麦面包、谷物和豆类等食物均含有未精制淀粉。未精制淀粉分解缓慢，可以长时间释放能量。它们也是纤维、维生素和矿物质的好来源。

全谷物　　　豆类

精制淀粉

诸如面粉和白米饭等精制的碳水化合物食物中只含有更简单、更容易消化的淀粉。它们在体内容易分解，可以快速提供能量，但不抗饿。

白米饭　　蛋糕　　白面包

糖

碳水化合物摄入不足？

如果不能摄入足够的碳水化合物，肝脏会将脂肪转变为酮类并将蛋白质转变成为葡萄糖，用于产生能量。生酮饮食可以帮助减肥，但其对长期健康的影响还不清晰。生酮饮食还会导致口臭。

呼吸时释放的酮类化合物

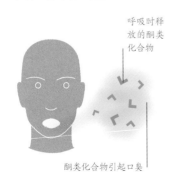

酮类化合物引起口臭

牛奶和天然糖

在牛奶制品、水果和一些蔬菜中存在天然糖。这些食物中的纤维可让糖分逐渐被吸收。

苹果　　西蓝花　　牛奶

游离糖

游离糖存在于天然的蜂蜜、糖浆和果汁中，可以作为精制方糖加入食物中。但游离糖可以提供大量的热量，并且容易摄入过量。

蜂蜜　　果汁　　糖浆

纤维

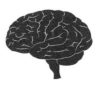

低碳饮食可能导致情绪波动，因为碳水化合物有助于大脑产生情绪稳定的化学物质。

身体如何利用碳水化合物

当我们摄入碳水化合物后，消化道将它们分解成糖，然后被血液吸收。葡萄糖是各种器官和肌肉的直接能量来源。果糖是一种简单的水果糖，它与葡萄糖结合成蔗糖，只能由肝脏来分解处理。高果糖饮食的人患2型糖尿病的风险更高，这可能是因为果糖更容易转化为脂肪。

大脑

大脑是人体最需要能量的器官

1 吸收和分布

长链淀粉类碳水化合物需要分解成糖才能被吸收。消化从口腔开始，一直持续到小肠，糖在小肠进入血液。

小肠

血管

果糖分子在血液中流动

葡萄糖分子在血液中流动

3 使用能量

葡萄糖是人体最简单、有效的燃料。细胞内的化学反应将葡萄糖转化为释放能量的分子，葡萄糖不足时使用其他分子进行转化。

肌肉

肌肉细胞将葡萄糖转化为能量

心脏

心脏利用能量将营养物质输送到全身

葡萄糖在体内运输

肝脏

葡萄糖被利用或储存在肝脏内

一些葡萄糖储存为糖原，糖原是一种类似淀粉的复杂碳水化合物

果糖转化为葡萄糖或脂肪

2 肝脏的作用

如果摄入的碳水化合物多于需要，肝脏就将多余的碳水化合物储存为糖原。当血糖水平下降时，储存的糖原转化为葡萄糖供身体使用。

脂肪

4 脂肪储存

一旦肝脏里糖原储存满了，多余的葡萄糖会转化为脂肪，然后储存在身体周围。如果遇到食物缺乏，脂肪就会被用作燃料。

纤　维

纤维是食物中不能被分解的物质，它有助于保持消化系统正常运转。纤维在不同植物食品中含量不同。

纤维的类型

纤维传统上分为两种类型：可溶性纤维和不溶性纤维。可溶性纤维溶于水，形成浓稠的凝胶，它存在于水果、根菜和小扁豆等食物中，可以通过软化粪便来防止便秘。不溶性纤维存在于谷类、坚果和种子等食物中，它通过增加粪便量来保持肠道健康。然而，研究表明这两类纤维之间存在交叉重叠，而且溶解度并不总是能预测某种纤维在体内的表现。

果蔬皮

在许多植物中，最富含纤维的部分是表皮。例如，苹果皮是不溶性纤维素的一大来源。这种不溶性纤维构成了苹果的细胞壁。

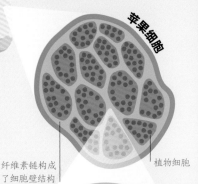

苹果

苹果细胞

纤维素链构成了细胞壁结构

植物细胞

纤维素链

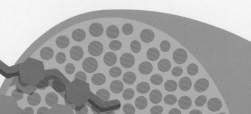

链

纤维链

糖分子

纤维链
纤维是由长链糖分子组成的碳水化合物。然而，与其他碳水化合物不同的是，纤维在胃里不能消化，这意味着它们能完整地到达大肠。

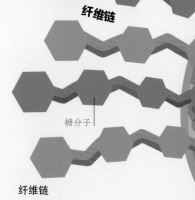

凝聚在一起
苹果中长长的纤维素链结合在一起形成一个刚性框架，为细胞提供支持。

摄入足够的纤维

许多人在饮食中没有摄入足够的纤维。全谷物是纤维最常见的来源，精制谷物去除了富含纤维的外皮，所以不能提供太多纤维。英国建议每人每天摄入18克纤维，些国家推荐其他的纤维摄入量。

图注　 18克纤维　 达到18克纤维需要的量

小麦谷物
186克

干无花果
260克

鹰嘴豆
419克

黑面包
514克

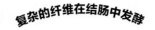

复杂的纤维在结肠中发酵

维生素K

生产维生素
某些菌种会产生一些可以吸收和利用的维生素。我们通过这种方法获得一些维生素K。

保护
发酵产生的弱酸环境使结肠不适合有害细菌生长，降低了胃病的风险。

喂养你的肠道细菌

纤维是肠道菌群的重要食物来源（微生物包括肠道内的细菌和真菌），它们将其发酵成脂肪酸。保持这些细菌的健康是至关重要的，因为它们可以产生消化其他食物的酶，并以一种我们刚刚开始了解的方式影响我们的健康。

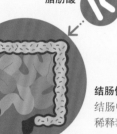

脂肪酸

脂肪酸

结肠健康
结肠中的益生菌可以增加大便量、稀释毒素并保持肠道健康。

提高免疫力
肠道内的某些细菌可以产生减少炎症的物质来改善免疫系统。

纤维和健康

摄入大量的纤维（见第198~199页）可以降低患心脏病、某些癌症、肥胖症和2型糖尿病的风险。高纤维饮食可以降低因食用加工肉类而导致的结肠癌风险（见第219页）。

意想不到的益处
纤维，尤其是可溶性纤维，与胆汁（一种将脂肪分解成微小液滴的苦味液体）结合在一起，有助于纤维排泄。为了产生胆汁，肝脏必须从血液吸收胆固醇，这可能是纤维可以降低患心脏病风险的一个解释。

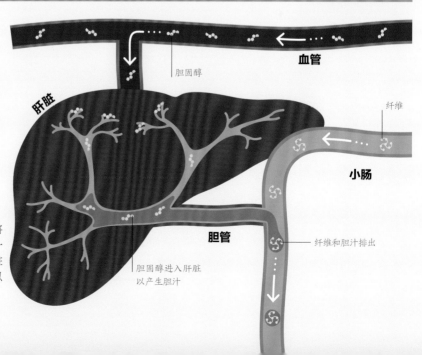

血管

胆固醇

纤维

肝脏

小肠

胆管

纤维和胆汁排出

胆固醇进入肝脏以产生胆汁

蛋白质

　　蛋白质是一种重要的营养物质。它可以分解成氨基酸，用来制造新的蛋白质或身体所需的其他复杂分子。尽管蛋白质可以作为一种能量来源，但它的主要功能还是构造、生长发育和修复人体组织。

蛋白质是什么？

　　蛋白质是由小分子氨基酸构成的长链。虽然人体内只有21种天然氨基酸，但它们可以自由结合在一起，这意味着可以形成数百万种不同类型的蛋白质。

　　当摄入含有蛋白质的食物时，身体将它们分解成氨基酸，然后按不同的序列进行重组，产生所需的任何蛋白质。

　　蛋白质的一个重要特性是它们能够折叠和扭曲，从而使每种蛋白质都具有独特的形状。这就是蛋白质在体内具有各种不同用途的原因。

蛋白质分子

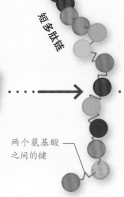

短多肽链

两个氨基酸之间的键

氨基酸

游离氨基酸，所有的肽键都断掉了

蛋白质
蛋白质是一种巨大、复杂的分子，它是由许多氨基酸相互连接组成的长链，通常折叠成紧凑的形状。

蛋白质片段
氨基酸组成的短链被称为多肽。蛋白质分解后可以产生多肽，但身体也会为了某些目的而合成多肽。

蛋白质组成
氨基酸是由碳、氧、氢和氮组成的小分子。人体中含有21种氨基酸。

为什么某些氨基酸是"必需的"？

　　随着人类的进化，我们失去了制造身体所需的9种氨基酸的能力。这意味着必须在食物中摄入这些"必需的"氨基酸。富含这9种氨基酸的蛋白质被称为"全蛋白"。大多数动物性食品都是全蛋白，藜麦、豆腐和一些坚果和种子也是全蛋白。

所有必需的氨基酸　　　8种氨基酸　　　8种氨基酸

牛肉　　　　　小麦　　　　　豆类

补充蛋白的来源
有些食物，比如牛肉，含有所有必需的氨基酸，但有些则不然。小麦中赖氨酸含量较低，但蛋氨酸含量较高；豆科植物有足够多的赖氨酸，但蛋氨酸含量较低。这两类蛋白质来源相结合可以提供所有必需的氨基酸。

我们如何使用蛋白质

饮食中的蛋白质一旦被分解成氨基酸，就会用来合成大量的重要分子，包括DNA、激素和神经递质。然而，大多数氨基酸用来合成新的蛋白质，这些蛋白质可以形成身体结构，比如肌肉；还可以作为酶——一类调节、控制身体内重要化学过程的分子催化剂。

DNA
人体将一些氨基酸转换成化学"碱基对"，这些碱基对按顺序排列就构成了DNA，可以传递基因代码。

DNA中的碱基对

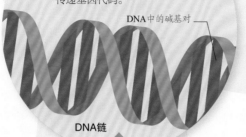

DNA链

身体的万亿细胞中都含有蛋白质。

细胞膜蛋白质
细胞膜是细胞的外层。嵌入细胞膜的蛋白质可以与细胞周围的环境进行交流——例如，允许分子从蛋白质通过。

细胞　蛋白质　膜

激素
身体通过激素在不同的区域之间传递信息。许多激素都是蛋白质或多肽，包括肾上腺素。它们是由腺体和器官产生的。

肾上腺素

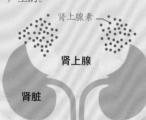

肾上腺

肾脏

氨基酸

肌蛋白
肌肉主要由长链蛋白质组成，这些蛋白质形成了肌肉纤维。我们需要补充蛋白质来锻炼我们的肌肉，肌肉损伤时也需要蛋白质来修复。

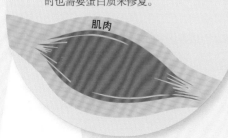

肌肉

细胞　神经

神经递质

神经递质
一些氨基酸可以用来制造神经递质，大脑和神经系统之间通过神经递质传递信息。

脂　　肪

脂肪对我们的身体健康至关重要。它们不仅可以提供能量，储存多余的热量供以后使用，还在体内扮演着各种各样的角色，包括形成细胞膜和制造激素。

脂肪是什么?

脂肪、碳水化合物和蛋白质一起构成了三大主要营养素。食物中的脂肪是甘油三酯分子，它们是由碳、氢和氧原子组成的，碳原子形成的三条长链称为脂肪酸，一条短链叫作甘油。每个碳与其他碳原子连接；双键的数量和位置决定了脂肪酸的类型及其对身体的影响。构成脂肪分子的脂肪酸可以是相同或不同的，这就形成了各种各样的脂肪。

脂肪分子
甘油三酯，或脂肪分子，含有各种类型的脂肪酸。直链的是饱和脂肪酸，只通过单键连接。如果链中含有一个双键，它的形状是弯曲的，变成了单不饱和脂肪酸。更多的双键则会形成形状复杂的多不饱和链。

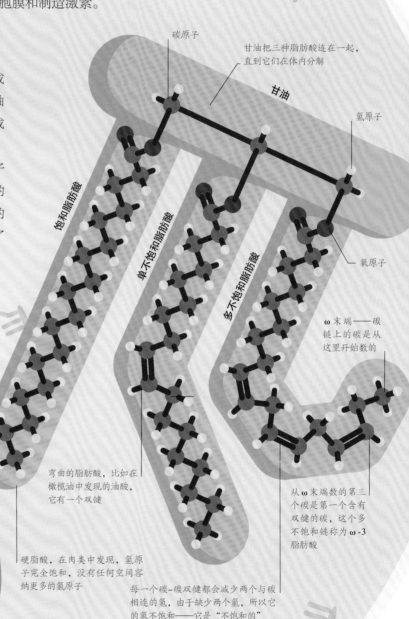

碳原子

甘油把三种脂肪酸连在一起，直到它们在体内分解

甘油

氢原子

饱和脂肪酸

单不饱和脂肪酸

多不饱和脂肪酸

氧原子

ω末端——碳链上的碳是从这里开始数的

从ω末端数的第三个碳是第一个含有双键的碳，这个多不饱和链称为ω-3脂肪酸

弯曲的脂肪酸，比如在橄榄油中发现的油酸，它有一个双键

硬脂酸，在肉类中发现，氢原子完全饱和，没有任何空间容纳更多的氢原子

每一个碳–碳双键都会减少两个与碳相连的氢，由于缺少两个氢，所以它的氢不饱和——它是"不饱和的"

脂肪会使我变胖吗?

脂肪是高热量的，所以可以增加体重，但是和甜食相比，吃后会让你觉得饱的时间更长，所以摄入一点脂肪可以帮助你停止吃零食。

体内的脂肪

　　除了作为能量储存外，脂肪还扮演着许多其他重要的角色。脂肪可以帮助我们吸收和使用一些维生素（见第32~33页），参与构建与修复神经组织。脂肪还可以维持健康的皮肤和指甲，用来产生调节血压、免疫系统、生长和血液凝固的激素。脂肪也组成了身体所有的细胞膜，用来包裹住细胞和它内部的结构（见第30页）。

大脑和神经组织脂肪含量丰富——大脑有60%的脂肪，需要稳定的供给

大脑

类固醇激素，如雄激素和雌激素，都是由脂肪组成的

脂肪被储存在皮下，也可以存储在身体深处的器官周围

脂肪存储

必需脂肪酸

　　人体可以从其他脂肪或原材料中获取大部分的脂肪。只有两种脂肪酸是真正必需的，它们是ω-3脂肪酸类的α-亚麻酸和ω-6脂肪酸类的亚油酸，因为我们自身不能合成。在坚果和种子中，尤其是亚麻籽中都有这两种脂肪酸。一些其他的ω-3脂肪酸也是必不可少的，因为身体不能大量合成（见第78~79页）。

亚麻植物，亚麻籽的来源

脂肪或油？

　　"脂肪"这个词经常被用来描述在室温下固体的东西，比如黄油和猪油，而油是液体。一般来说，油中含有更多不饱和脂肪酸。多年来，通过将植物油中不饱和脂肪酸加氢固化来制作人造黄油是很普遍的，人造黄油被认为是黄油的一种健康替代品。但后来，人们发现这种方法产生的脂肪很不健康，以至于现在的人造黄油通过加入天然固体棕榈油来固化。

食物中含有20多种脂肪酸。

油酸是弯曲的

油

不饱和脂肪中必须有些脂肪酸含有至少一个双键。它们存在于植物油、坚果和种子中。脂肪酸中双键所导致的弯曲形状使它们的分子无法聚集在一起，所以在室温下保持液态。

橄榄油

硬脂酸是直的

脂肪

饱和脂肪不含双键，而且链是直的。它们的分子紧密地聚集在一起，所以很容易凝固，在室温下形成固体。它们存在于动物产品中，如黄油和肉类，棕榈和椰子油也含有饱和脂肪酸。

黄油

反式脂肪酸通常是直的，但有一个扭结

氢化脂肪

反式脂肪是由氢化植物油制成的——这一过程将氢添加到不饱和双键中，使其饱和，并使其链变直。这就形成了固态脂肪，比如人造黄油。反式脂肪已经与一系列健康问题联系在一起，并逐渐被淘汰。

人造黄油

胆固醇

我们身体的每一个细胞中都存在一种蜡状、脂肪状的物质，我们称它为胆固醇。胆固醇是由肝脏制造的，对正常的身体机能至关重要。然而，如果血液中胆固醇积累过多，就会导致心脏病等问题。饮食、胆固醇和心血管健康之间的联系比我们想象的要复杂得多。

饮食中的胆固醇

人类可以在肝脏中制造所有需要的胆固醇，但也可以通过饮食摄入，如直接从鸡蛋和肉类中获取。对于某些人，摄入饱和脂肪、反式脂肪和一些碳水化合物也会提高肝脏的胆固醇产量。

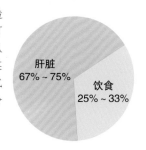

肝脏
67% ~ 75%

饮食
25% ~ 33%

至关重要的化学物质

胆固醇可以用来制造一些激素、维生素D和胆汁酸，这些都是消化液的组成成分（见第20 ~ 21页）。胆固醇还可以维持细胞膜的柔韧性。肝脏调节我们体内的胆固醇水平，它不随饮食中的摄入胆固醇的含量而改变，但是饮食中特定种类的食物摄入过多会使一些人产生过多的胆固醇（见第214页）。

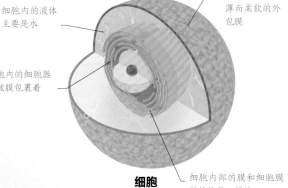

细胞内的液体主要是水

细胞膜是一种薄而柔软的外包膜

细胞内的细胞器都被膜包裹着

细胞内部的膜和细胞膜的结构是一样的

细胞

细胞膜

膜主要由磷脂的油性化学物质组成

胆固醇稳定在中心

膜蛋白

细胞膜

细胞膜
我们的每一个细胞都有一个由双分子层组成的膜。双分子层间的胆固醇可以防止膜变得太软或太硬，并使它具有合适的渗透性，使确切类型和数量的矿物质及其他物质得以通过。胆固醇还能帮助某些蛋白质附着在细胞上——这些对于身体各部位的交流至关重要。

人体含有大约100克的胆固醇。

脂肪运输

　　脂肪类物质，包括胆固醇，不能与我们体内的水基的体液混合，所以它们需要被塞进一个适合在体内运输的亲水胶囊里。胆固醇一般被一种叫作脂蛋白的小胶囊包裹，它有两种主要类型。大型的低密度脂蛋白被称为"坏胆固醇"，因为它的作用是将胆固醇输送到血液中，多余的胆固醇会在血液中积聚。高密度脂蛋白，或"好胆固醇"，可以将胆固醇从血液中带出。

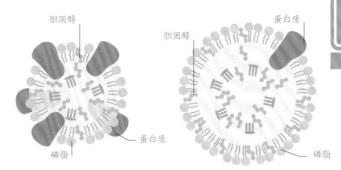

胆固醇　蛋白质　胆固醇　蛋白质

磷脂　蛋白质　磷脂

高密度脂蛋白（HDL）
高密度脂蛋白颗粒密度高，因为它们含有更多的蛋白质、更少的胆固醇和其他脂肪。

低密度脂蛋白（LDL）
这些较大的颗粒含有更多的胆固醇，它们的蛋白质含量较少。

胆固醇周期

　　胆固醇在肝脏和血液之间循环，发挥着重要作用。这个过程依赖于高密度脂蛋白和低密度脂蛋白之间的平衡。

　　如果你的低密度脂蛋白比高密度脂蛋白更多，斑块就会在动脉中堆积，使血压升高，导致心脏病（见第212~215页）。高水平的低密度脂蛋白可能是由于饮食、肥胖或基因造成的。

坏胆固醇
血液中低密度脂蛋白增加会导致胆固醇填充斑块（动脉粥样硬化）堆积，导致动脉狭窄和血压升高。如果斑块破裂，会形成血凝块，切断血液供应。

血管　斑块

斑块

高密度脂蛋白将胆固醇从斑块上脱离

低密度脂蛋白促使胆固醇和斑块结合

肝脏

肝脏将多余的胆固醇转化为胆汁酸，然后再循环或排泄

肝脏以胆汁盐的形式从身体中去除胆固醇

好胆固醇
高密度脂蛋白颗粒将多余的胆固醇从细胞、血液和斑块中输送到肝脏。高含量的高密度脂蛋白意味着更多的胆固醇被移除，减少斑块的形成。

**他汀类药物是
如何起作用的？**

他汀类药物通过减缓肝脏的胆固醇产量来降低胆固醇水平。然而，他汀类药物有很多缺点，比如阻碍身体使用胆固醇来合成维生素D。

维生素

　　维生素是在不同类型的食物中发现的微量营养素，它对于我们身体的生长、活力和健康都是必不可少的。大多数人都能从健康均衡的饮食中获得大部分维生素，但在某些情况下，维生素补充剂是有益的。

维生素是什么？

　　维生素是有机化合物，在控制人体的新陈代谢过程中起着至关重要的作用。比如维生素C和维生素E，作为抗氧化剂，可以中和体内多余的自由基（见第111页）。我们只需要少量的维生素，但缺乏它们会损害身体机能，导致维生素缺乏症。维生素的分类是根据其是否溶解于脂肪或水。

维生素的发现
在19世纪，医生们意识到有些疾病不是由细菌引起的，而是由于营养不足引起的。采用不同的饮食和补充剂的动物实验造就了这些微量营养素的发现。

脂溶性

　　一些我们身体需要的维生素需要溶解在脂肪中。这意味着它们主要存在于脂肪含量高的食物中，如油性鱼类、蛋和奶制品，而不是水果和蔬菜。如果没有脂肪，脂溶性维生素就不会被人体完全吸收，也就是说，如果没有合适的食物，这些维生素的补充就会变得不那么有效。

肝脏能储存足够维持身体2年的维生素A。

维生素的存储

　　我们的身体可以将脂溶性维生素储存在肝脏中，所以不需要每天摄入它们。但正因为如此，如果我们摄入过多，体内的脂溶性维生素水平就会累积，最终产生毒害性。水溶性维生素不能被储存，任何多余的维生素都被尿液排出。这意味着我们需要更频繁地补充它们。

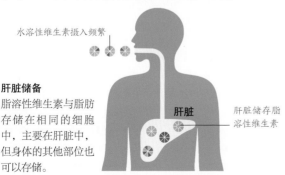

水溶性维生素摄入频繁

肝脏储备
脂溶性维生素与脂肪存储在相同的细胞中，主要在肝脏中，但身体的其他部位也可以存储。

肝脏

肝脏储存脂溶性维生素

维生素A
视力、生长和发育需要。缺乏维生素A会导致视力低下或失明，尤其是对于儿童。

维生素D
对某些矿物的吸收有帮助。缺乏维生素D会导致钙缺乏和骨骼健康问题，包括儿童佝偻病。

维生素E
一种抗氧化剂。保护细胞膜，维持健康的皮肤和眼睛，增强免疫系统。

维生素K
用来合成血凝剂。缺乏维生素K会导致凝血紊乱、出血和瘀伤。

维生素F在哪里？

维生素字母表中存在空缺，这是因为一些物质以前被认为是维生素，但后来又重新分类，或者有些被发现是不重要的。维生素F虽然很重要，却被发现是一种脂肪酸，它更适合归类为脂肪而不是维生素。

图注

肉	鹰嘴豆
家禽	绿叶蔬菜
肝脏	西蓝花
鱼	鳄梨
油性鱼类	西红柿
金枪鱼	香蕉
蛋	橙子
蛋黄	草莓
牛奶	坚果
大米	花生
全麦面包	橄榄油

水溶性

水溶性维生素存在于各种各样的食物中，包括水果、蔬菜和富含蛋白质的食物。因为它们溶解在水里，这些维生素很容易在食物的准备过程中丢失，例如煮蔬菜过程。B族维生素也称为维生素B复合物，通常被归类为补充剂，有时在同一种食物中被发现。

维生素B₁
帮助产生能量，确保肌肉和神经功能良好。低水平可能会导致头痛和易怒。

维生素B₂
对新陈代谢和健康的皮肤、眼睛和神经系统很重要。缺乏会导致虚弱和贫血。

维生素B₃
维持神经系统和大脑、心血管系统和血液、皮肤和新陈代谢。

维生素B₅
对新陈代谢和神经递质、激素和血红蛋白的产生非常重要。

维生素B₆
参与神经功能和新陈代谢，产生抗体和血红蛋白。缺乏会影响心理健康。

维生素B₇
生物素。健康的骨骼和头发以及脂肪代谢需要维生素B₇。缺乏维生素B₇会导致皮炎、肌肉疼痛和舌头肿胀。

维生素B₉
叶酸。对健康的婴儿发育至关重要。孕妇缺乏叶酸会增加婴儿患脊柱裂的风险。

维生素B₁₂
参与新陈代谢，制造血红细胞。维生素B₁₂缺乏会导致恶性贫血。

维生素C
抗氧化剂。帮助身体各组织的生长和修复。缺乏会导致伤口愈合不良。

矿物质

像维生素一样，我们身体需要矿物质来维持正常运作。身体需要相对大量的7种"常量矿物质"和少量的其他"微量矿物质"。矿物质天然存在于某些食物中，因此均衡的饮食可以提供充足的矿物质，但在缺乏的情况下可能需要额外补充。

图注

可食饭菜
红肉
培根
鱼
鱼骨头
贝类
蛋
蛋黄
牛奶
奶酪
谷物
全麦
薯片
绿叶蔬菜
莴苣
西蓝花
西红柿
香蕉
坚果
橄榄
饮用水
茶

钠
钠可以调节体内液体量。低钠水平会引发从头痛到昏迷的各种各样的症状。

镁
镁存在于骨骼和细胞内，免疫系统、肌肉和神经系统健康也需要镁。缺乏镁可能会导致肌肉、心脏问题，还会引起呕吐。

钾
钾参与肌肉、神经活动和体液平衡。缺乏钾会导致肌肉痉挛和心律失常。

氯
氯是胃酸的重要组成部分。很少会出现氯缺乏的情况。

矿物质

矿物质来自岩石或土壤，溶解在地下水中，成为带电粒子或离子。矿物质被植物根部吸收，进入植物组织，然后通过食物链到达我们体内。"常量矿物质"是指我们需要的很大量的那些矿物质。

硫
硫是许多蛋白质的重要组成部分，对建立新的身体组织很重要。

磷
磷可以维持骨骼健康，参与食物释放能量的过程。磷含量非常低会导致肌肉无力。

钙
钙最重要的作用是保持骨骼和牙齿强健，在身体里还扮演许多其他的角色，包括维持神经和肌肉功能。

矿物质缺乏

矿物质摄入量不足会导致各种健康问题。例如，长期缺钙会导致骨密度降低和骨质疏松；缺铁可能引起贫血、虚弱和疲劳；镁缺乏的早期症状包括恶心。对于每一种情况，可以建议改变饮食或使用补充剂。

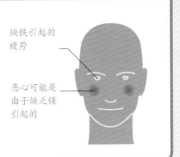

缺铁引起的疲劳

恶心可能是由于缺乏镁引起的

你可以从一两个巴西坚果中获得每天所需要的所有硒。

 铜
多种酶和铁代谢中都需要铜。虽然很少见，但缺乏铜会导致贫血。

氟
氟可以帮助我们保持骨骼和牙齿强壮。缺乏氟可能会导致蛀牙。

锰、铬、钼、镍、硅、钒、钴也需要极小的量。

微量元素

我们的身体只需要很少量的矿物质就叫作微量矿物质。尽管我们很少需要它们，但微量矿物质的重要性不亚于常量矿物质。微量矿物质包括铁——一种经常在我们的饮食中缺乏的矿物质。

 碘
碘对正常的甲状腺功能很重要。缺碘可能导致发育问题或学习障碍。

硒
硒是抗氧化剂，有助于保护我们的细胞免受压力。长期依赖于贫硒土壤中生长的农产品的人们可能会缺硒。

铁
铁可以允许红细胞携带氧气，帮助生产能量。缺铁性贫血很常见。

锌
锌是许多酶的组成部分，离开锌我们的身体不能正常运作。腹泻和肺炎可能与缺锌有关。

水

我们体重的60%都是水，我们的器官需要水来保持其正常运转。虽然我们可以在没有食物的情况下生活几个星期，但没有水，几天内就会死亡，这就说明水有多么重要。

水合作用

足够的水分可以使我们的皮肤变得丰满而有弹性。水有助于调节体温，并确保肾脏过滤出废物。如果血液中水的浓度过高或过低，身体就会将水输入细胞或从细胞析出，这两个过程都是有害的。

水化的大脑

水对大脑的功能至关重要。水与溶解在水中的物质之间的平衡对于神经元有效地传递信号非常重要。

湿润的眼睛

为了保持眼睛的清洁和舒适，它们经常被泪水湿润，而眼泪的主要成分就是水。

血液流动更容易

92%的血液（血浆）是水。这种液体可以让携带氧气的红细胞、抵抗病毒感染的白细胞和其他重要的成分轻松地流动到需要的地方。

饮用水

大脑

眼睛

眼睛

血液

脱水

相比于摄入，如果失去更多的水，数小时内就会感到头晕和疲劳。在问题变严重之前，身体开始发出口渴信号。在极端的情况下，脱水会导致昏厥、脑损伤和死亡。

注意力和记忆力下降

如果脱水了，脑组织会萎缩，执行简单的任务需要付出更多的努力。注意力、情绪、记忆和反应时间都会受到影响，甚至会对疼痛更加敏感。

眼睛干涩

脱水会减缓泪液的分泌，使眼睛感到干燥、刺激和涩。

低血压

如果脱水很严重，血液中的水分就会下降。血液变得厚实黏稠，心脏很难将血液输送到身体各个部位。这会导致低血压、头晕和昏厥。

我们需要多少水？

水的需要量取决于气候和活动量。在温和的气候环境中，活动适中的人建议每天喝8杯水（2~3升/冷脱），这包括其他饮料和食物中的液体。对于年轻、健康的人来说，最好的办法就是感到口渴的时候喝水。然而，老年人会在不感到口渴的情况下脱水，因此必须注意他们的饮水量。

身体在喝水后**5分钟就开始**吸收水分。

水帮助消化

在胃里，部分酸性液体是水，可以帮助蠕动和消化食物。当经过加工的食物经过肠道时，液体可以使它们很容易地移动。

便秘

如果脱水，食物通过大肠时，身体会进一步吸收水分。这使得大便干燥而坚硬，导致便秘。

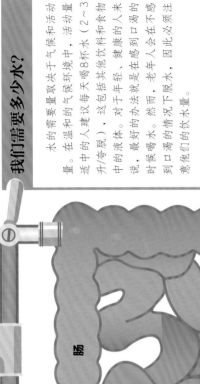

浓缩尿液

当脱水时，肾脏会减少水分排出，保留血液中的水分。尿液的颜色因尿液中溶解更多的物质而变得更浓、更暗。

苍白的尿液

当体内水分充足时，尿液呈淡黄色。如果水喝多了，就会产生更多的稀尿。

调节水合作用

我们主要通过尿液排出水分，但有些水分可以从皮肤蒸发，或者通过呼吸排出。肾脏调节体内的水含量，防止血液变得过于黏稠或稀释。如果身体组织或细胞的水含量下降，就会被触发口渴。

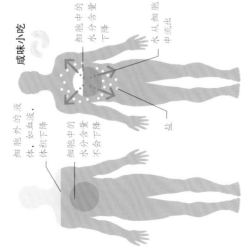

因缺水而口渴

当血液体积下降10%或更多，心脏和动脉的传感器就会做出反应，产生口渴信号。饮水能使血液中的液体增加，增加血液的体积。

咸味小吃

细胞外液，如血液，体积下降

细胞中的水分含量不会下降

组织中的水分含量下降

水从细胞中流出

盐

因高盐摄入量而口渴

如果摄入过多量的盐，血液中的盐浓度会增加，从而导致水从细胞中析出。如果盐液浓度上升1%~2%，就会引起口渴。

果汁

汤

水

方便食品

在忙碌的生活中，我们许多人都倾向选择现成的方便食品。它们快速、简单、美味，但通常不是最健康的选择。那么为什么方便食品对我们有害呢？有没有健康的方便食品可以供我们选择？

方便食品是什么？

方便食品是准备好或加工好的食品，包括即食餐、混合蛋糕、零食、预备水果和蔬菜、冷冻食材和罐头食品。生产和销售方便食品的公司通常注重的是口味和货架期，而不是营养价值。通过利用我们对甜味和对快速、简单、美味、高热量食物的渴望，他们确保产品大量销售。

是什么让垃圾食品如此之多？

大多数垃圾食品都小心翼翼地平衡甜味、盐和脂肪含量——这是为了让我们的大脑获得最大的满足，并让我们买更多的回来。

每天有**5000**万美国人在**快餐**店就餐。

富含高精制碳水化合物
使用的面粉经过提炼和加工，除去大部分的纤维和微量元素，留下高热量物质。

高脂肪
除了面条本身的油，它们通过油炸来除水，这使它们脂肪含量很高。

高盐和高糖
添加了大量的盐和糖，使清淡的面条变得美味。但是这样的面条经常超过我们每日推荐量。

方便面
只要在方便面里加点水就可以得到一份美味的小吃。然而，它们几乎没有什么有益的营养，而且与患肥胖、糖尿病、心脏病和中风的风险增加有关。

纤维和蛋白质含量低
方便面里几乎没有纤维或蛋白质，所以尽管它们的热量含量很高，但它们不会让你感到饱腹很长时间。

现代饮食习惯

我们身边到处都是现成的食物，从三明治店到外卖店，再到高档餐馆，这就影响了我们的饮食方式。当工作时间很长，准备和烹饪食物时间很短的时候，快餐的吸引力就会上升。然而，方便食品和健康之间可能存在取舍。

外卖的影响

一项研究表明，那些在家里、公司或在两者之间的路线上接触更多外卖的人，吃的外卖更多，而且他们更有可能拥有更高的体重指数。

家

外卖

下班回家的路线

在回家的路上经过一个或几个外卖店

消耗更少的外卖

家

外卖

下班回家的路线

在回家的路上经过了许多外卖店

更多的外卖食品消费

方便食品的历史

方便食品并不是新事物。食物可以用多种方式保存：冷冻、罐头、脱水、或使用添加剂。对一些食品来说，这改善了营养状况，但对另一些食品来说反而更糟。

好的方便食品

并非所有的方便食品都是不健康的。罐头、冷冻水果和蔬菜，或者是速溶汤，都是营养和纤维的好来源，它们有时比新鲜的食物含有更多的维生素和植物化学物质（烹饪番茄会释放番茄红素）。但是为了改善口感和增加储藏时间，会加入糖和盐。

胡萝卜和香菜汤

1810年，罐头首次被用来为水手们保存食物。

20世纪30年代，人们发明了"速冻"，它使食物被冻结并出售给消费者。

20世纪60年代末，冰箱和速冻食品成为主流。

20世纪70年代，参加工作的女性的数量增加，导致了即食食品的流行。

1800年   2000年

1894年，约翰·哈维·凯洛格博士发明了玉米片。这是首批大量生产的即食谷类食品之一。

1953—1954年，卖出了第一份即食食品，它装在一个可以在烤箱里加热的金属盒里。

1967年，发明了微波炉，这比微波炉在普通家庭普及早了20年。

1979年，英国一家超市推出了第一个冷冻即食餐。

全食食品

全食运动在20世纪40年代首次提出，现在仍然越来越受欢迎。全食的重点是吃未经加工的食物，可能会增加纤维和微量营养素的摄入，提供健康益处，但如果摄入食物较极端，它可能会受到限制。

全食食品和有机食品是一样的吗？

有机食品是用天然肥料或生物农药生长的农作物或使用有机饲料中饲养的动物——它们是一种全食食品。但是，全食食品并不总是有机食品。

纯天然

树莓与所有水果相比含有最多的ω-3脂肪酸。此外，100克的树莓含有的维生素C超过你每天需要量的1/4。

营养和矿物质

全食饮食很可能含有多种维生素和矿物质。树莓富含维生素C、钾和锰。

抗氧化剂

像树莓这样的天然食物富含有益的抗氧化剂（见第108~109页）。然而，有时这些抗氧化剂可以被人为地添加到食物中。

全食食品是什么？

全食食品与加工食品相反——它们是天然的，或者尽可能少的加工。它们可能包括新鲜水果、蔬菜、肉、鱼、全谷类、坚果和种子。一些支持者认为，全食食品也必须是有机食品，但几乎没有证据表明有机食品对健康有益。

纤维

加工较少的植物往往含有更多的纤维。高纤维摄入有利于减轻体重和预防某些疾病（见第198~199页）。

更好的脂肪

全食食品没有加工食品中常见的有害的反式脂肪，而且很多都是有益的不饱和脂肪。

更少的添加剂

全食食品是"天然的"，没有添加任何调味料或防腐剂。然而，这意味着它们的保质期通常没有加工食品长。

必要的处理

　　在没有经过一定程度的加工下，并不是所有的食物都可以安全食用。有些食物，尤其是肉类，需要准备或煮熟来消除毒素或杀死危险的细菌。其他的食物，如西红柿，烹饪后更有营养（见第55页）。全食食品的支持者建议自己做这些事，并把加工保持在最低限度。然而，即使是少量切碎也会影响食物的营养。

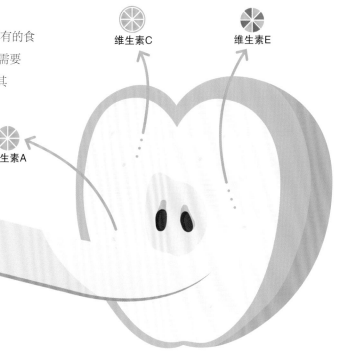

维生素C

维生素E

维生素A

维生素流失
类似苹果皮这样的果皮和覆盖物可以保护水果的维生素。一旦暴露在空气中，小部分维生素（特别是维生素C）与氧气发生反应，造成流失。

全食运动

　　20世纪20年代，欧洲的农民和消费者开始寻找没有杀虫剂的食物。在1946年，英国农民弗兰克·纽曼·特纳（Frank Newman Turner）称这些有机食物为"全食食品"。发达国家"净食"的饮食习惯已经让全食食品变得越来越受欢迎。

20世纪60年代，西方世界的消费者开始对食品营养产生兴趣。

2016年，全食饮食（"净食"）重新流行起来。

1900年　　　　　　　　　　　　　　　　　2016年

20世纪40年代，弗兰克·纽曼·特纳是第一个推广全食食品的人。

20世纪80年代，美国得州第一个全食食品超市开张，独家销售有机天然食品。

全食食品的缺点

　　严格的全食饮食可能既昂贵又费时，很难在社交场合或餐馆里坚持。如果你习惯了加工食品的话，还需要一段时间来适应新鲜食物的味道，因为新鲜食物含有较少的糖和盐。

准备时间

150克的草莓可以提供你一天所需的所有维生素C。

太多还是太少

维生素和矿物质等营养物质对我们有好处，但这并不意味着多多益善。经常摄入过多的维生素，比如维生素A，就会变得和没有摄入足够的维生素一样危险。

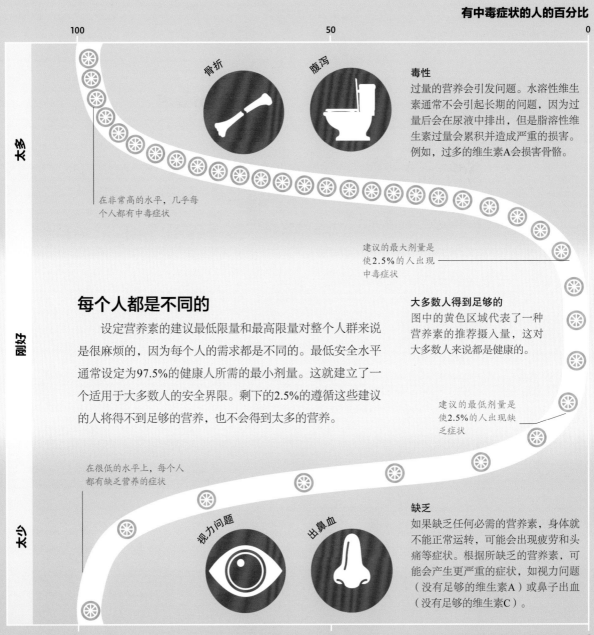

有中毒症状的人的百分比

100　　　　　　　50　　　　　　　0

太多

毒性
过量的营养会引发问题。水溶性维生素通常不会引起长期的问题，因为过量后会在尿液中排出，但是脂溶性维生素过量会累积并造成严重的损害。例如，过多的维生素A会损害骨骼。

骨折　　　腹泻

在非常高的水平，几乎每个人都有中毒症状

建议的最大剂量是使2.5%的人出现中毒症状

刚好

每个人都是不同的

设定营养素的建议最低限量和最高限量对整个人群来说是很麻烦的，因为每个人的需求都是不同的。最低安全水平通常设定为97.5%的健康人所需的最小剂量。这就建立了一个适用于大多数人的安全界限。剩下的2.5%的遵循这些建议的人将得不到足够的营养，也不会得到太多的营养。

大多数人得到足够的
图中的黄色区域代表了一种营养素的推荐摄入量，这对大多数人来说都是健康的。

建议的最低剂量是使2.5%的人出现缺乏症状

饮食中营养物质量

在很低的水平上，每个人都有缺乏营养的症状

太少

缺乏
如果缺乏任何必需的营养素，身体就不能正常运转，可能会出现疲劳和头痛等症状。根据所缺乏的营养素，可能会产生更严重的症状，如视力问题（没有足够的维生素A）或鼻子出血（没有足够的维生素C）。

视力问题　　　出鼻血

100　　　　　　　50　　　　　　　0

有缺乏症状的人的百分比

食品标签

为了让事情变得简单，大多数政府把建议日常需求量变成了包装上的单一参考量。有些量是必需营养素的最低含量，例如矿物质。其他的虽然不设定限量，但对可能不健康的食物（如盐）设定上限，以鼓励健康的饮食。一些国家还要求，对于一些如果过量食用的食物，食物中的营养物质可能会超过日常需求的进行高亮标注。

儿童和老年人的日常需求与成人不同。

营养要求

一些食物在包装上使用了加粗字体的声明，声明它们产品含有什么物质（或不含什么）及可能有的健康益处。但这些声明会受到严格的监管，食品必须符合特定的法规才能做出这样的声明。虽然各国之间的规定略有不同，但一些欧盟的例子如下。

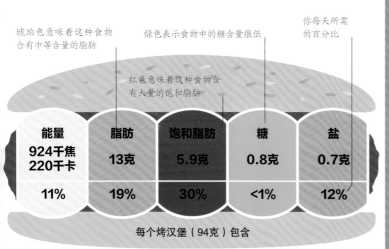

琥珀色意味着这种食物含有中等含量的脂肪

红色意味着这种食物含有大量的饱和脂肪

绿色表示食物中的糖含量很低

你每天所需的百分比

能量	脂肪	饱和脂肪	糖	盐
924千焦 220千卡	13克	5.9克	0.8克	0.7克
11%	19%	30%	<1%	12%

每个烤汉堡（94克）包含

声称	规定
无糖	如果一种食物被贴上无糖的标签，那么它必须含有低于1%的糖。
低脂	低脂食品的脂肪含量必须少于3%。
高纤维	如果声称纤维含量高，食物的纤维含量至少要达到6%。
维生素D的来源	如果100克某种食物能提供你每天所需的15%的维生素D，它才可以被称为维生素D的来源。
少脂	少脂食品必须比同类产品少含30%的脂肪。这并不意味着与其他食物相比，它的脂肪含量一定很低。

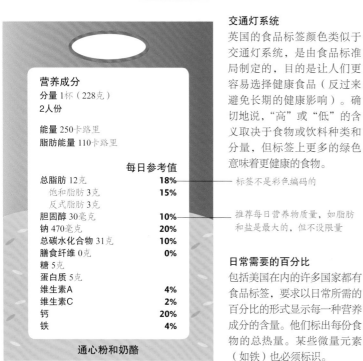

营养成分
分量 1杯（228克）
2人份

能量 250卡路里
脂肪能量 110卡路里

	每日参考值
总脂肪 12克	**18%**
饱和脂肪 3克	**15%**
反式脂肪 3克	
胆固醇 30毫克	**10%**
钠 470毫克	**20%**
总碳水化合物 31克	**10%**
膳食纤维 0克	**0%**
糖 5克	
蛋白质 5克	
维生素A	**4%**
维生素C	**2%**
钙	**20%**
铁	**4%**

通心粉和奶酪

交通灯系统

英国的食品标签颜色类似于交通灯系统，是由食品标准局制定的，目的是让人们更容易选择健康食品（反过来避免长期的健康影响）。确切地说，"高"或"低"的含义取决于食物或饮料种类和分量，但标签上更多的绿色意味着更健康的食物。

标签不是彩色编码的

推荐每日营养物质量，如脂肪和盐是最大的，但不设限量

日常需要的百分比

包括美国在内的许多国家都有食品标签，要求以日常所需的百分比的形式显示每一种营养成分的含量。他们标出每份食物的总热量。某些微量元素（如铁）也必须标识。

存储与
烹饪

如何才算新鲜

在评价食品质量和可取性方面，新鲜度已成为一个重要的概念。但是"新鲜"到底是什么意思呢？什么是影响新鲜度的因素？食物标签如何帮助我们评估食物的新鲜度？

阳光

起皱

收获后，缺水、阳光和风都会导致食物起皱

挫伤

新鲜度降低

虽然一些水果和蔬菜在收获后才达到成熟和可食性巅峰，但大多数食物从收获或屠宰的那一刻起就开始失去风味和营养价值。这是许多食物变质的过程的开始。这些过程包括释放破坏性的酶；自然分解过程，例如氧化过程可以降低营养；由于食物细胞中防御机制停滞，微生物开始生长。在一些水果和蔬菜中，自然代谢和生理过程可能在收获后加速。

从成熟到腐烂
水果里复杂的物理和有机过程共同影响它的新鲜度并决定新鲜度下降的速度。

买到食物就应该立刻冷冻吗？

一个常见的误区是，食物必须在购买当天被冷冻。事实上，在标签上的保质期之前，你可以随时冷冻食物。

新鲜度的期限？

有些植物食物在正确储存条件下可以长时间保持新鲜。在阴凉黑暗的地方，土豆可以保持新鲜3个月。在特殊的大气控制环境中，梨和苹果可以储存长达一年之久。

食物的旅程
生长在南半球的水果和蔬菜需要经过许多阶段才能出现在美国的市场上。

收获
为了避免破坏和延长保质期，大多数水果和蔬菜都是手工收获的。

空运货物
更容易腐烂的食物，比如浆果，更可能被空运到消费者的国家。

0
天

1~3
天

1~4
周

货运时间

冷藏船
冷藏船可以提供高度控制的温度，以保持食物的新鲜。

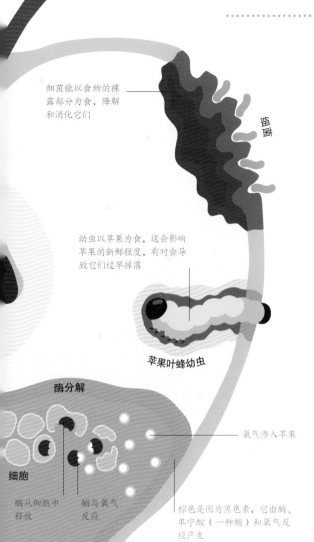

细菌能以食物的裸露部分为食，降解和消化它们

细菌

幼虫以苹果为食，这会影响苹果的新鲜程度，有时会导致它们过早掉落

苹果叶蜂幼虫

酶分解

细胞

酶从细胞中释放

酶与氧气反应

氧气渗入苹果

棕色是因为黑色素，它由酶、单宁酸（一种酸）和氧气反应产生

营养损失

由于食物的新鲜度下降，营养物质会加速流失。这个过程尤其会受到氧化、热、阳光、脱水和酶的影响。维生素C很容易随着时间的推移而降解，尽管这在不同的食物之间有所不同。冷藏和冷冻对于延缓或防止营养流失特别有帮助。

冷藏的影响
在0℃下保存7天的西蓝花可以保留大部分的维生素C，而在20℃下储存时则只保留有44%。

维生素C

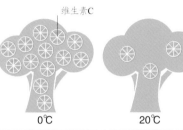

0℃　　　　　　20℃

标签类型	含　义
售出日期	没有法定要求标示这个日期，它常被用于帮助零售商管理储存。
展示日期	类似于"售出日期"，这个标签被零售商用来帮助管理他们的库存量。
最佳日期	"最佳日期"指的是食品质量，而不是安全。
保质期	在一些国家，如英国，这个标签具有法律效力。在这个日期之后，食物是不安全的。

日期标签的类型
食品上的日期标签应该告知消费者相关信息，但也可能会让人感到困惑。

零售商
先进的库存管理技术允许零售商减少浪费，并保证适当的库存水平。

1~3天　　　1~3天　　　0~7天

配送中心
保持最低限度的处理，继续严格控制存储条件。

消费者
最终的目标是确保农产品在最熟或更早之前到达消费者手中。

45%
的水果和蔬菜都被浪费掉了。

保　　存

食物的营养成分不仅使食物有营养，它也使食物容易受到污染和降解，所以保存食物自古以来都是食品科学和文化关注的焦点。

在古代文明中，香料和草本植物被用作防腐剂。

保存的方式

一些自然过程，包括微生物生长、氧化、热、光，以及酶作用，都可以通过分解食物的关键成分来污染或降解食物。驱动这些过程的生化反应的快慢取决于特定的条件，所以可以通过改变这些条件来保存食物。一些保存方法，比如脱水，已经使用了数万年。人工化学防腐剂现在很常见，但它们对我们健康的影响还不确定。

冷藏和冷冻
降低温度会降低生化反应的速度。冻结会停止反应。

脱水
水对于大多数生物化学活动是必需的，所以去除水分可以防止微生物的生长。

腌制
增加食物中的盐浓度会使大多数微生物脱水而死。

浸酸
把食物变得更酸可以杀死许多微生物，但也会影响食物的味道和特性。

化学物质
人工防腐剂，如硝酸盐，通常被用于诸如肉类的食物（见第74～75页）。

罐装
除了密封食品，罐装的高温处理可以杀死任何微生物。

烟熏
烟熏使食物产生各种各样的抗微生物、抗氧化剂和酸化物质。

存储
在凉爽、黑暗的环境中储存食物可以延长它的保质期，减少与氧气和环境微生物的接触。

营养物质如何降解

有些营养成分之间是可以发生反应的，比如维生素和抗氧化剂，因为它们是由活性分子组成的。随着时间的推移，这类活性分子会自然降解，且降解过程会随着热、物理损伤、阳光照射和暴露在氧气中而大大加速，最终会产生破坏性的自由基（见第111页）。不同的营养物质对特定的威胁更敏感。

营养物质	稳 定 性	营养物质	稳 定 性
蛋白质、碳水化合物	相对稳定的	维生素B_1（硫胺素）	高度不稳定；对空气、光和热敏感
脂肪	可以变得腐臭（见第74页），尤其是在高温下	维生素B_2（核黄素）	对光和热敏感
维生素A	对空气、光和热敏感	维生素B_3（烟酸），维生素B_7（生物素）	相对稳定
维生素C	高度不稳定；对空气、光和热敏感	维生素B_9（叶酸）	高度不稳定；对空气、光和热敏感
维生素D	对空气、光和热稍敏感	类胡萝卜素	对空气、光和热敏感

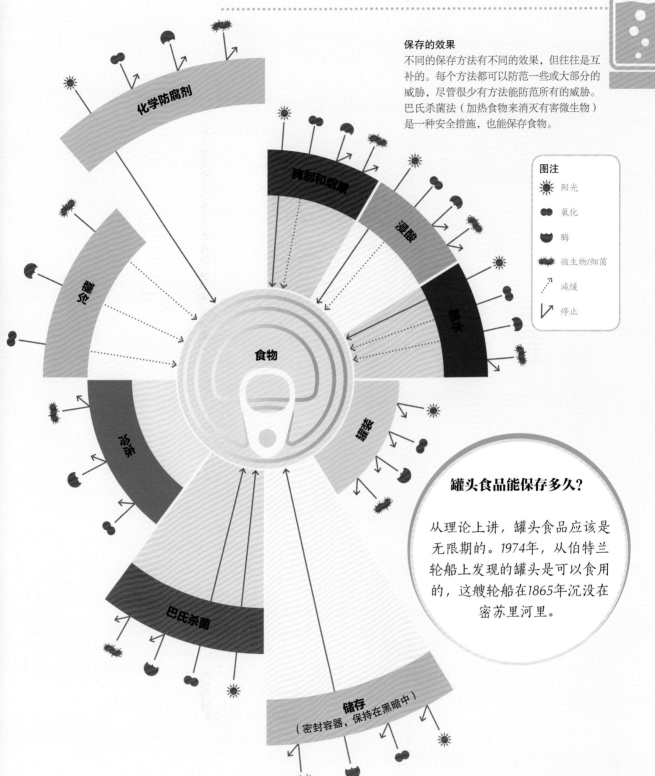

保存的效果
不同的保存方法有不同的效果，但往往是互补的。每个方法都可以防范一些或大部分的威胁，尽管很少有方法能防范所有的威胁。巴氏杀菌法（加热食物来消灭有害微生物）是一种安全措施，也能保存食物。

化学防腐剂

腌制和烟熏

渍酸

脱水

冷藏

罐装

冷冻

巴氏杀菌

储存
（密封容器，保持在黑暗中）

食物

图注

☀ 阳光

⬤ 氧化

⬤ 酶

✹ 微生物/细菌

⤏ 减缓

⤷ 停止

罐头食品能保存多久？

从理论上讲，罐头食品应该是无限期的。1974年，从伯特兰轮船上发现的罐头是可以食用的，这艘轮船在1865年沉没在密苏里河里。

冷藏和冷冻

冷藏和冷冻延长了易腐食品的寿命，使其能够长期储存和远距离运输。冷藏和冷冻已经改变了食品经济，扩大了我们的饮食。

食物能冷冻多久？

在冷冻食品中，细菌的生长应该被无限期地停止，但是食物的质量会随着冷冻伤或细胞衰弱而下降，改变了食物的质地和味道。

冰箱外壳隔离冷气

液体很快就变成了冷蒸汽

膨胀装置膨胀液体并降其转化为气体

冷气体凝结成液体

气体通过冷冻室和冷藏室降低温度

我们为什么要冷冻食物？

在足够低的温度下，导致食物变质的化学和生化过程实际上停止了。冰水也会去除许多生化过程中必不可少的液体。

为什么我们要冷藏食物？

食物和饮料的降解和变质是由自由基、内部酶和微生物引起的化学和生化过程的结果。温度会影响这些过程的速率，冷藏食物会使这些过程变慢。

冷冻的适用性

含水的蔬菜，如生菜和卷心菜，解冻后就会变软。当它们细胞中的水结冰时，冰晶会刺穿细胞壁，破坏食物结构。肉和鱼可以冷冻，因为它们的细胞很灵活。

植物细胞

植物细胞周围的细胞壁是刚性的、不灵活的。

动物细胞

动物细胞周围的膜柔软灵活。

水结冰

当细胞中的水变成冰时，它会膨胀并冲破细胞壁。

水结冰

当细胞中的水变成冰时，细胞膜就会拉伸以适应它。

细胞壁
水

细胞壁破坏

制冷的历史

早在公元前1000年，中国人就开始用冰块作为食物冷却剂，这是末2800年内最重要的冷却技术。冷藏船出现在19世纪晚期，而第一批家用冰箱出现于1911年。

维多利亚时代的冰盒

细胞内物质保留
当冰融化时，完整的细胞膜就会收缩，里面的所有东西都保留了下来。

细胞内物质被释放
当冰融化时，细胞的物质通过破裂的细胞壁释放出来。

细胞内物质流出

冰箱是最常见的家用电器。在美国，99.5%的厨房里都有它。

牛奶
冷藏可以减缓牛奶变质

当冷藏时，香蕉中的酶分解，因为在冷冻的时候，二氧化碳气泡量少，能量不足以跑出。

碳酸饮料会失去嘶声

鸡肉
鸡肉在4℃冷藏时会延缓细菌滋生

西红柿
西红柿在7℃以下失去味道

快把我放回去

在接近0℃下，西蓝花的所有维生素C将保持7天

泵

冰箱的工作原理
泵压缩的气体通过冰箱后部的管失去热量。当它冷却时，凝结成液体。然后到达膨胀装置，在那里又转化为气体。这种气体在进入冷至冷冻冰箱之前就会被迅速冷却。然后在返回泵之前冷却食物。

热的压缩气体会失去热量

来自泵的压缩气体通过冰箱后部的管道输送

解冻的重要性

冷冻食品最好、最安全的解冻方法是把它放在冰箱里，放在冷水里，或者使用微波炉的"解冻"模式解冻。在烹饪之前，把食物全部解冻是很重要的，否则就会出现里面不熟、外面过熟的情况，尤其是在煎炸和烧烤的时候。

内部冷冻部分

牛排

烹饪的表面

烹调冷冻肉类
最好不要直接用冷冻的肉来烹饪。如果里面肉还没有熟，它里面存在细菌污染的风险。

发　酵

在整个历史上，发酵都是一种简单的食物保存方式，它不需要加热或人工能源。在没有氧气的情况下，微生物可以将糖转化为酸、酒精和气体。

我们为什么要将食物发酵？

由于乳酸菌等微生物可以在无氧环境中茁壮成长，它们的生长成功抑制了腐败微生物的生长，产生了防腐副产品和有趣的风味。发酵微生物通常与我们肠道中的微生物相同，所以吃发酵食品是一种增加肠道菌群很好的办法。

发酵的卷心菜
德国泡菜，源自欧洲，是最受欢迎的发酵卷心菜之一。

2 糖分析出
盐有助于水分和细胞成分（包括糖）从植物细胞中析出，这样发酵微生物就可以工作了。

水和糖在盐的作用下从细胞析出

水　糖

1 盐、浸泡
盐溶解后的盐水可以切断竞争微生物的氧气供应。卷心菜必须在液面以下。

盐水

盐

白菜

在18世纪，水手们利用发酵的卷心菜来应对**维生素C缺乏**。

其他发酵的食物

除了帮助保存食物，发酵还可以通过产生气体来发酵面团，产生褐变反应，增加颜色和风味。许多过程都要用到不同的发酵方法，如面包的制作、酒精饮料和醋的制作、酸奶和奶酪的制作、水果和蔬菜的酸洗、肉类的腌制、酱油和鱼酱的制作、橄榄软化和消除苦味、从可可豆中生产巧克力等。

发酵的牛奶
牛奶的保质期很短，但发酵乳制品可以保存几个月。从发酵几个小时的酸奶和鲜奶油，再到发酵几个月的大奶酪，这些都是发酵乳制品。

奶酪

酸奶

牛奶

鲜奶油

3 发酵
一系列发酵微生物消耗糖，产生复杂的醇、酸和风味物质。发酵还有助于保持卷心菜的营养价值。二氧化碳气体层保护维生素C不受氧化，同时可以产生B族维生素。

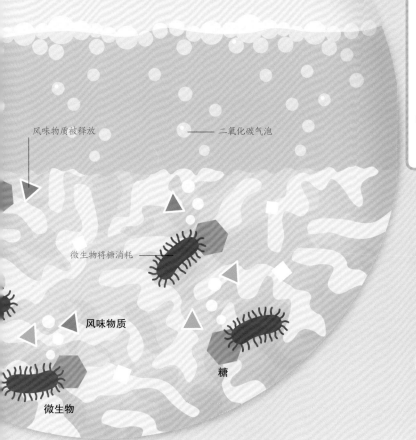

风味物质被释放

—— 二氧化碳气泡

微生物将糖消耗

风味物质

糖

微生物

冰岛的美味

前工业社会用发酵来防止鱼的变质，从而产生强烈的气味和风味。冰岛的发酵鲨鱼肉将格陵兰岛的鲨鱼掏空、砍头、埋在沙坑里，发酵6～12周，然后风干、刨光、切成小块。

冰岛发酵鲨鱼

4 发酵的结果
美味又营养的泡菜是酸脆的。酵母菌的生长受到发酵的限制，但少量的生长是可以接受的，甚至产生一种独特的花香。

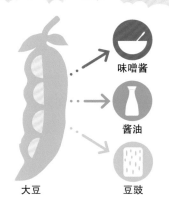

泡菜

发酵的大豆
大豆富含蛋白质和油，可以作为一种牛奶替代品。它与牛奶类似，不同发酵方式有不同的结果——从浓稠的味噌酱到豆豉调味料，再到发酵豆饼。

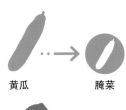

大豆 → 味噌酱

→ 酱油

→ 豆豉

发酵的黄瓜
使用乳酸菌和卤水，盐浓度为5%～8%，可以将黄瓜制成腌菜。

黄瓜 → 腌菜

发酵芋头根
芋头富含淀粉，但生食时有毒。在夏威夷用芋头制作芋泥，这是一种富含香味挥发性酸的发酵制剂。

芋头根 → 芋泥

生　食

对许多人来说，生食的吸引力很大，因为烹饪会损害或降低维生素和矿物质的水平。人们越来越倾向于吃生食，但吃生食并不一直意味着达到最大的营养摄入。

最好的生食食物

维生素C和类黄酮（见第110页）是有益的营养物质，它们特别容易受到热的影响。最好的生食食物很可能是富含易分解营养物质的食物。例如，绿叶蔬菜（见第112～113页）富含维生素C和其他抗氧化剂，有助于植物抵抗阳光的破坏性。生食食物不容易提高血糖水平（见第141页），因为它们含有更少的单糖。

维生素C

23% 生食

6% 煮熟

100g 胡萝卜

胡萝卜
当胡萝卜煮熟后，维生素C含量会急剧下降，因为这种维生素可以溶于沸水中，然后被丢弃。

100g 甘蓝

维生素C

200% 生食

89% 煮熟

甘蓝
这种绿叶蔬菜含有丰富的维生素C，甘蓝和其他绿叶蔬菜有较大的比表面积，使得它们特别容易受到沸水的影响，造成营养流失。

图注
生食和煮熟的食物中，每天需要的特定维生素和矿物质的百分比含量。
● 生吃
● 烹饪

烹饪会"杀死"食物吗?

有一些植物酶在胃中保持活跃，但消化会改变它们的形状，它们变得快活。它并不是最严格意义上的"活着"。

生食主义

生食主义是一种典型的素食主义做法，吃大约70%～100%的未煮熟的食物。基于"活的食物"有天然能量的信念，以及植物酶在消化中的作用的错误观念，生食主义声称的影响范围可以从减肥到治疗糖尿病和癌症。事实上，一些植物酶确实有助于消化某些种类的蛋白质，但大多数植物酶会被胃酸分解。此外，纯生食饮食中还缺少某些特定营养成分。

 维生素B$_{12}$

 维生素D

 硒

 锌

 铁

 ω-3脂肪酸

生食饮食缺乏的营养物质

一个特例

番茄红素是番茄中一种有益的类胡萝卜素。热量会削弱植物细胞壁，使细胞内的物质更容易消化。番茄细胞里的番茄红素在加热阶段被释放。一罐熟番茄的番茄红素含量是同一量生番茄的4倍。

番茄罐头

维生素 B₃

51% 生食

30% 干食

铁

30% 生食（240克）

2% 罐装（296克）

一碗椰奶

鲭鱼
与鲭鱼干相比，新鲜鲭鱼的维生素B₃含量更高。这是因为，鲭鱼干里的氧气和维生素B₃发生反应，降低了鱼体内维生素B₃的含量。

112g
一条鲭鱼

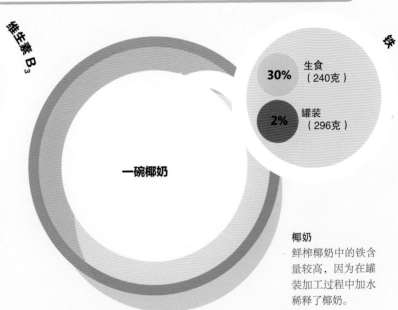

椰奶
鲜榨椰奶中的铁含量较高，因为在罐装加工过程中加水稀释了椰奶。

生食的局限性

吃生食的人会出现营养不良甚至食物中毒。许多烹饪过程实际上可以提高食物的营养价值。我们烹饪食物是为了安全、实用的原因，甚至只是为了改善口味。生食可能对身体健康造成风险，因为生食食物中的毒素不会被分解，病原体也不会被杀死。

生食食物	会发生什么
芸薹属植物	西蓝花和甘蓝等芸薹属植物含有甲状腺素，如果过量食用，这些物质会干扰甲状腺分泌激素。
绿色土豆	土豆中的绿色部分和土豆芽含有茄碱，这是一种有毒的生物碱，如果吃下去会引起恶心或腹泻。
蚕豆	也被称为宽豆，它含有生物碱，可以导致"蚕豆病"，在这种情况下，红细胞会恶化。
沙拉	许多疾病暴发的大肠杆菌、沙门氏菌和葡萄球菌都与不正确地清洗沙拉中的生蔬菜有关。

食品加工

在当今的饮食文化中，"加工"已成为一个不好的字眼，但加工食品的定义却大相径庭。很少有食物不经过一定程度的加工，加工对大部分食物都是必不可少的。但有时，我们加工得太过了。

食品加工是什么？

加工通常被定义为对食物或饮料做出的任何改变，以改变其质量或保质期。作物和牲畜在收获和屠宰之后，通过一定的方法将食物保存，以便以后可以使用。除了保存，我们改变食物的原来状态主要有三个原因：使食物可以食用，改善食物的营养，使食物更安全。

生奶可以安全饮用吗？

生牛奶中的细菌会导致食物中毒。巴氏灭菌是一个非常重要的过程，它可以杀死有害细菌，使牛奶可以安全饮用。

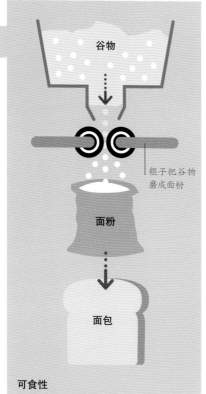

可食性

加工是使一些食物可以食用的必要条件。谷物的可食部分被提取出来，磨成面粉，然后再加工成面团，烤成面包。

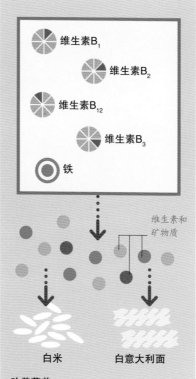

改善营养

食物可以在工厂里增加额外的营养。在谷物产品中，糙米通过精制得到白米，去除了许多营养物质，这些营养物质必须补足，有时是法律规定的。

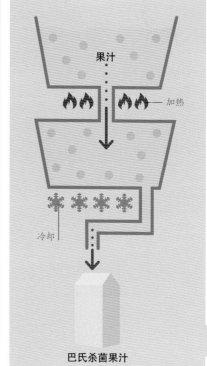

安全

诸如果汁和牛奶之类的饮料需要加工以便安全饮用。巴氏灭菌法（参见第84页）是一种加热和冷却的过程，可以杀死有害细菌。

隐藏的成分

　　许多高度加工的食物都富含额外加入的糖、盐、脂肪，膳食纤维含量低，目的是提高它的味道和香味，或使它们能保持更长时间。如果这些成分的含量很高，一些政府要求食品生产商在包装上强调它们（见第43页）。然而，在一些国家，只需要列出复杂的成分，如番茄酱或玉米糖浆（它们本身通过许多加工步骤得到），不需要分解为具体成分，这就可以避免将注意力集中在不健康或不受欢迎的成分上。

玉米糖浆　　番茄酱

土豆零食是怎么做的
从土豆到零食的旅程可能是一个漫长而复杂的过程。对简单的土豆做了一系列的改变后，它看起来几乎无法辨认，味道完全不同。

1 调整
土豆煮熟、捣碎、脱水，然后磨成粉。玉米和小麦的淀粉可能会被添加进去，然后混合在一起。

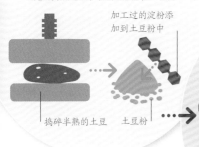

加工过的淀粉添加到土豆粉中

捣碎半熟的土豆　　土豆粉

2 挤压
将土豆粉做成面团，在高压下通过挤压成型的喷嘴，形成部分煮熟的各种形状的零食。

由喷嘴形成的半熟的零食

3 煎
半熟的土豆零食干燥后，经过一个连续的油炸机，以确保快速均匀烹饪。

土豆条在油里油炸

4 调味料
炸后的薯片滤掉多余的油，撒上调味料、盐和其他添加剂，最后包装分销。

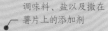

调味料、盐以及撒在薯片上的添加剂

高度加工食品

　　当我们想到加工食品时，我们可能会想到一些高度加工的食品，比如薯片、零食和巧克力，它们的主要成分已经被磨碎、精炼、烹饪，或者以我们在厨房里不能做的方式显著改变。高度加工的食物几乎都是高热量、高糖和高脂肪的食物，营养物质和纤维含量都很低。

如果没有加工过程，50% ~ 60%的新鲜食物可能在收获后就会损失掉。

主要的化学添加剂

添加剂根据它们的作用被分为几大类，例如甜味剂、调味剂或防腐剂。在大多数国家，所有这些添加剂都必须通过严格的安全规定，才能在食品中使用。在一个国家批准的添加剂在另一个国家不一定会被批准。

 世界**5%**的人口对一种或多种食品添加剂具有敏感性。

防腐剂

通过减缓微生物的生长和延缓自然化学反应，防止变质、延长保质期。否则食物会变得难吃甚至无法食用。

甜味剂

这些糖的替代品包括阿斯巴甜和糖精。它们被用来减少食物中的热量，因为它们所含热量比糖低得多，而且用量非常小。

营养强化剂

营养强化剂可以替代在加工过程中被破坏的维生素和矿物质，或者增加食物本身不含有天然的营养物质。

稳定剂

防止（如蛋黄酱等食物）在混合后出现油水分离情况，从而帮助维持食物的质地和一致性。

抗氧化剂

这些是抑制氧化的化学物质。它们可以延缓氧化带来的褐变和腐烂，进而延长保质期。抗坏血酸（维生素C）是一种常用的抗氧化剂。

添加剂

添加剂存在于各种加工食品中。它们对延长食物保质期、取代失去的营养、维持食物质地、增加口感和颜色至关重要。

并不是所有的添加剂都是有害的

添加剂可以包括天然的和人造的物质，尽管它们之间的分界线还是很模糊。有些添加剂是天然的物质，自古以来就被用来加强或保存食物，例如氯化钠（普通食盐）。新型添加剂在被批准使用前需要进行广泛的测试。

什么是军用三明治？

美国陆军研制出一种三明治，这种三明治至少在两年内不会变质。这是由于每个三明治袋里有一袋铁屑，它可以吸收微生物生长所需的氧气。

乳化剂

乳剂通常是不易混合的液体混合物，例如油和水。乳化剂可以促进食物中乳剂的混合，例如蛋黄酱。

调味剂

在食物中添加人工或天然的调味料，可以取代或强化加工中失去的天然风味。味道和气味是紧密联系在一起的，所以许多调味品也含有气味成分。

色素

色素用来增加或改善在加工过程中丢失的颜色，或者为白色或无色的食物添加颜色，以使它们看起来更鲜艳，更有吸引力。

酸碱调节剂

酸碱调节剂通过控制食物酸碱度（pH）来调节食物的味道（酸性食物味道"尖锐"或"酸"；碱性食物味道苦），并抑制微生物的生长，确保食物在长时间保存后仍然可以安全食用。

抗凝剂

抗凝剂有助于防止粉末状或粒状食物（如面粉和盐）吸收水分并聚集在一起。

发泡剂

发泡剂被添加到面团和糊状物中，通过产生气体（通常是二氧化碳）使它们鼓起，较常见的发泡剂是小苏打。

汉堡包里有什么？

汉堡包里有什么？可能比你想象的要多。即使是100%纯肉饼也有稳定剂，以确保肉在烹饪时维持其形状，还有诸如盐、胡椒和洋葱粉等调味剂。面包片里也可能有添加剂，以防止微生物的生长，让它们看起来更新鲜。

 汉堡面包

 泡菜

奶酪

 汉堡肉饼

番茄酱

汉堡面包

味蕾备忘录

鲜味主要来自一种叫谷氨酸的氨基酸，它是一种人工合成的谷氨酸钠（味精），被广泛用作味道增强剂，特别是用于东方菜肴中。在20世纪60年代，味精被认为与偏头痛和心悸等症状有关，但后来的研究表明，除少数对味精有特殊敏感性的人之外，味精对大部分人并不会导致健康问题。

烹　饪

加热可以使食物产生化学和物理变化，使食物变得更柔软、更容易消化，并促使食物释放营养物质。然而，某些食物被烹煮时，营养物质有时会降解。

我们为什么要烹饪食物？

一些科学家认为，烹饪（见第8～9页）是我们进化的一个关键因素。烹饪可以改善食物并让食物产生新的风味、气味和质地，比如褐变反应，它是食物中的糖在加热时失去水分的现象，在此过程中会产生香味。生食物通常很硬、纤维多，难以咀嚼和消化。除非经过烹饪，许多食物成分都不能被我们的消化系统分解。此外，烹饪有助于杀死或抑制病原体，并使许多毒素失去活性。

烧烤

烧烤利用上面或下面层的干燥的热，它可能是最早的烹饪方法，因为它可以用明火来做。在一些地区又将热源在食物上方的烧烤方式称为炙烤。烧烤会给食物带来很高的温度，使它发生褐变反应，但也有烧焦的危险。

最接近热源的食物表面先熟

烤架

红外光带给食物热量

烘/烤

烤箱利用循环的热空气，将热量从气体火焰或电流中传递到食物。来自炙热烤箱壁的直接红外辐射也会加热食物。

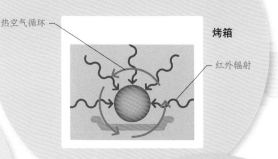

热空气循环

烤箱

红外辐射

蒸汽

蒸汽通过空气对流（类似烘烤）传递热量，但也可以通过蒸汽凝结传递。就像将水转化为蒸汽需要大量的热量一样，当蒸汽到达并滋润食物时，它会凝结为水并释放出大量的热能。

蒸汽将热传给食物

平底锅

水产生蒸汽

煮

煮是最有效的烹饪方法之一，因为所有的食物都与传热介质（水）直接接触。由于水的持续存在，食物不会发生褐变反应。

水的对流把热传递给食物

平底锅

燃烧的煤块释放的热量比等同面积的烤箱多**40**倍。

煎炸

油可以达到比水更高的温度，在浅层的煎炸中，油可以将热量直接从热源（锅底）传递到食物。这意味着褐变反应发生得更快。在这种方法中，所有浸油的食品表面都与传热介质（油）相接触。

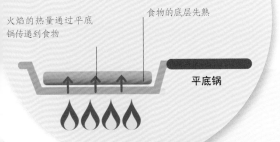

火焰的热量通过平底锅传递到食物

食物的底层先熟

平底锅

微波炉是如何工作的？

微波炉有一个微波转换器，又叫磁控管，它能发出大约12厘米长、频率为2450M赫兹的电磁波。转盘旋转食物以确保所有的部分都烹饪熟。

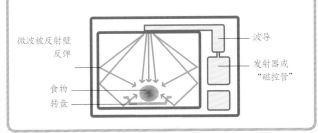

微波被反射壁反弹

波导

食物

转盘

发射器或"磁控管"

油炸

油炸使用对流传热，但由于传热介质（油）能达到比水高得多的温度，油炸食物比煎炸熟得更快，褐变反应也更快。

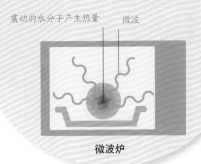

油的对流作用将热量从热源传递到食物

油温高于100℃

平底锅

微波

微波可以使食物中的水分子震动，产生热量，从而烹饪食物。微波看起来是从内部向外加热食物，但其实是同时加热所有的分子。然而，微波会更快地将干湿的食物内部煮熟（如馅饼）。

震动的水分子产生热量

微波

微波炉

快烹饪和慢烹饪

快烹饪可以最大限度地减少容易降解的营养物质的流失，并能将肉或鱼的外部密封以限制水分流失，但它很难均匀地加热食物，内部可能仍然未熟。慢烹饪会更均匀地加热食物，但会降低营养成分，使食物变干。

升高热量
火焰烧烤和烘烤对较大比表面积的薄层食物更好，这是因为食物更容易熟透。

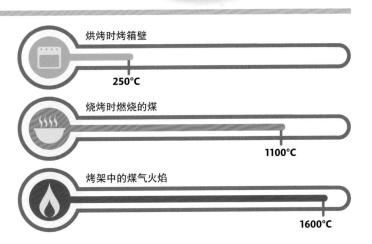

烘烤时烤箱壁
250℃

烧烤时燃烧的煤
1100℃

烤架中的煤气火焰
1600℃

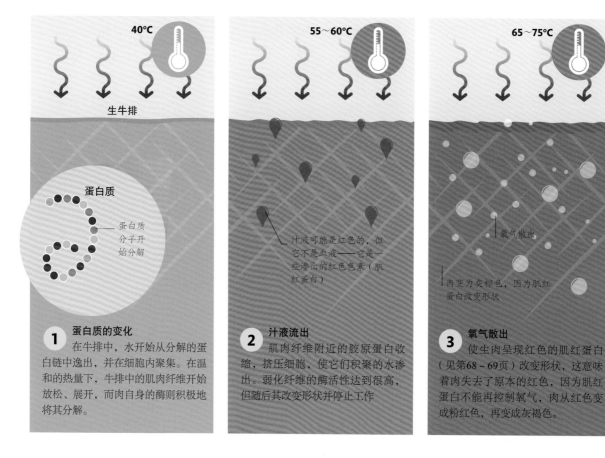

40°C

生牛排

蛋白质

蛋白质
分子开
始分解

1 蛋白质的变化
在牛排中，水开始从分解的蛋白链中逸出，并在细胞内聚集。在温和的热量下，牛排中的肌肉纤维开始放松、展开，而肉自身的酶则积极地将其分解。

55～60°C

汁液可能是红色的，但它不是血液——它是一些渗出的红色色素（肌红蛋白）

2 汁液流出
肌肉纤维附近的胶原蛋白收缩，挤压细胞，使它们积聚的水渗出。弱化纤维的酶活性达到很高，但随后其改变形状并停止工作

65～75°C

氧气散出

肉变为灰棕色，因为肌红蛋白改变形状

3 氧气散出
使生肉呈现红色的肌红蛋白（见第68～69页）改变形状，这意味着肉失去了原本的红色，因为肌红蛋白不能再控制氧气，肉从红色变成粉红色，再变成灰褐色。

食物如何烹饪

在分子水平上，烹饪涉及一系列复杂的热、水、食物成分自身以及彼此间的相互作用。烹饪时，必须达到温度、时间和化学变化的完美平衡。

当食物烹饪时会发生什么？

食物，尤其是肉类，是由蛋白质和脂肪这些与我们类似的分子组成的。植物主要由碳水化合物组成。加热这些分子会改变它们的性质，导致一些分子结合成新的分子，或分解成更小的分子，或者降解。当加热时，食物中的大分子会改变形状并停止工作，如酶。水是一个关键因素：干式烹饪会导致水蒸发；湿式烹饪会产生相反的效果，食物会吸收水分，就像米饭或意大利面一样。

烹饪时食物会失去营养吗？

有些食物在烹饪时会失去一部分维生素。而在其他食物中，烹饪时的化学反应和营养物质的释放可以提高它们的营养价值。

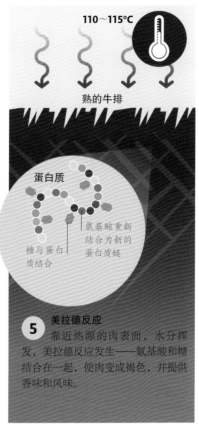

70～90℃

肉收缩；由于从汁液流失
变得坚韧和粗糙

水蒸发为蒸汽

4 **水蒸发**
胶原蛋白开始分解和液化。在
煎牛排时，水分蒸发，肉变得结实、
干燥。在煮熟的肉里（如炖肉），胶
原蛋白会融化，所以肉会多汁。

110～115℃

熟的牛排

蛋白质

氨基酸重新
结合为新的
蛋白质链

糖与蛋白
质结合

5 **美拉德反应**
靠近热源的肉表面，水分挥
发，美拉德反应发生——氨基酸和糖
结合在一起，使肉变成褐色，并提供
香味和风味。

130～140℃

烧焦的牛排

致癌的化合物

6 **表面烧焦**
如果肉类暴露在高温下，比如
在烤炉上的炭火或火焰中，或者是烤
得太久，产生致癌化合物的燃烧反应
就会发生（见第68～69页）。

牛排的故事
当温度上升、烹饪从一个极端到另一个
极端的时候，牛排在分子水平上发生了
许多变化。

高压锅烹饪与海平
面以下5.8千米的露
天烹饪相当。

烹饪蔬菜

蔬菜主要由碳水化合物组
成，它通常比蛋白质更硬、更耐
热。尽管热量会削弱植物的细胞
壁，使细胞内的水渗出，但它依
然很难分解。蔬菜在煮熟的时候
会变软，这是由于把细胞像砖头
一样粘在一起的果胶（一种碳水
化合物）在沸点时溶解导致的。
搅拌煮熟的蔬菜最终会彻底分解
细胞壁——这就是蔬菜泥的制作
方法。

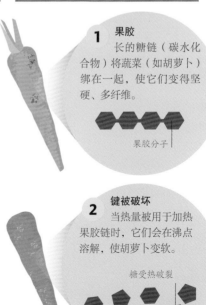

1 **果胶**
长的糖链（碳水化
合物）将蔬菜（如胡萝卜）
绑在一起，使它们变得坚
硬、多纤维。

果胶分子

2 **键被破坏**
当热量被用于加热
果胶链时，它们会在沸点
溶解，使胡萝卜变软。

糖受热破裂

安全烹饪

除了改变食物的风味和口感，烹饪也可以通过破坏毒素和杀死微生物来保障食物安全。但是如果食物做得不好，也会让食物变得不安全。

污染

皮肤和免疫系统保护人体免受有害生物的伤害，但如果它们通过食物进入身体，就可能会导致食物中毒。遗憾的是，现代食品加工的规模和复杂性大大增加了污染的风险。从农业生产到加工和分配，食品生产链的任何一点上都可能发生污染。最常见的威胁是细菌和病毒污染，包括沙门氏菌、大肠杆菌、弯曲杆菌、李斯特菌、寄生虫旋毛虫、戊型肝炎病毒、甲型肝炎病毒和诺如病毒。

杀死细菌

细菌是顽固和持久的，它们很少能在极端温度下存活。热会破坏细菌的化学键，并导致水的流失和细胞成分分解；酶受热会改变形状，失去功能；细胞壁也会被破坏。由于每一种细菌成分不同，它们对热的耐受性也不同。

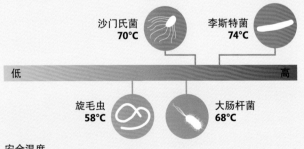

沙门氏菌
70℃

李斯特菌
74℃

低　　　　　　　　　　　　高

旋毛虫
58℃

大肠杆菌
68℃

安全温度
通过达到一定的温度，可以去除食物中的细菌。例如，杀死大肠杆菌需要确保食物中心达到至少68℃，杀死李斯特菌则需要达到74℃。

防止污染

在家里，可以通过冲洗或清洗去除微生物来减少污染的风险，也可以通过烹饪或加热来杀死微生物。

冲洗蔬菜和水果

冲洗的重要性
水果、蔬菜和沙拉可以被李斯特菌和诺如病毒污染，特别是种植过程中使用了特定类型的肥料，或被不卫生的制作。植物源食物表面的污染物可以被冲走，这比削皮更可取，因为表皮通常是最有营养的。

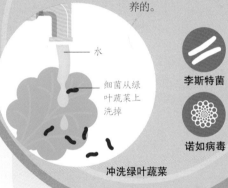

水

细菌从绿叶蔬菜上洗掉

李斯特菌

诺如病毒

冲洗绿叶蔬菜

清洗餐具和表面

清洗杀死了什么东西
食物污染的主要来源是厨房卫生差。厨房工作台面和工具可以很容易地传播细菌。肥皂或消毒剂可以杀死细菌，但脏衣服可以滋生细菌。

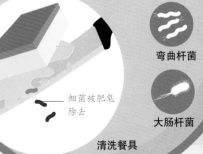

细菌被肥皂除去

弯曲杆菌

大肠杆菌

清洗餐具

厨房水槽里的**细菌**可能比浴室多10万倍。

适当的烹饪
肉表面被污染的概率很高。微生物很难进入红肉的内部，所以只有外面的肉需要烹饪。由于禽肉更容易被细菌侵入，所以需要一直煮透。

细菌仅存在肉的外表面

热量

烹饪牛排

弯曲杆菌

沙门氏菌

热量彻底穿透鸡肉

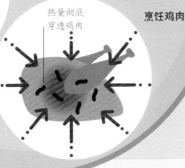

烹饪鸡肉

我应该洗生鸡肉吗？

清洗鸡肉可能会溅起细菌，比如弯曲杆菌，使它们从鸡身上转移到周围的表面，然后可能会扩散。

再热米饭

与再加热米饭有关的疾病被称为"炒饭综合征"，是由蜡样芽孢杆菌引起的。在新煮熟的米饭中，室温下的孢子会生长成细菌，释放出导致呕吐和腹泻的毒素。再热米饭可能会杀死细菌，但它们的孢子可能会存活下来。

蜡样芽孢杆菌

再热米饭

足够的热量
剩菜可以安全食用。首先，把剩余的食物从热源移开，使其迅速冷却，这可以限制微生物污染。冰箱里的热的剩菜可以提高周围冷藏食物的温度，从而引发微生物的生长。搅拌微波炉中的再加热食物有助于传播热量并杀死任何剩余的细菌。

细菌在剩菜中生长

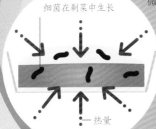

热量

梭菌

再加热的食物

食物
种类

红　肉

　　肉在人类营养中扮演重要角色至少达200万年。在现代社会，肉类，尤其是红肉，在我们的饮食中所占比例越来越高，对肥胖、心血管健康和癌症发病率的影响也越来越大。

为什么红肉是红色的?

　　肉通常指的是肌肉，但也可以包括内脏器官在内。红肉的大部分颜色来自含铁的肌红蛋白，这是一种色素丰富的蛋白质，可以为细胞提供氧气，与红细胞中的血红蛋白类似。供给肌肉的能量由脂肪提供，这些脂肪可以被肌肉纤维中的细胞色素分解，这种细胞色素也是红色的。

肌红蛋白和细胞色素

肌肉组织

肌肉纤维

肌肉纤维
像腿部肌肉这类不断工作的肌肉中有很多肌红蛋白和细胞色素，它们分别为肌肉纤维运转提供所需的氧气和能量。

为什么肉有时会有金属味?

非常瘦的红肉（尤其是肌肉和肝脏）缺乏传统牛肉中的风味脂肪，使得红肉中大量铁的金属味道增强。

肠癌的风险

　　虽然大量的研究表明食用红肉（尤其是碳烤或烧烤）与患结肠直肠癌（肠癌）的风险有关，但这种相关性很弱。此外，产生这种相关性的原因还不清楚，可能是因为高脂肪的红肉会导致肥胖（高BMI指数与患结肠直肠癌的风险有关），而不是摄入的脂肪本身导致的。对27项独立研究的分析发现，红肉摄入量与癌症风险之间并没有明确的直接关系。

红肉和营养

红肉是全蛋白质来源，可以提供我们身体无法产生的所有必需的氨基酸。它也是铁和B族维生素的来源。然而，红肉仍存在重大的健康问题。我们吃的红肉，其脂肪含量很高，而且脂肪含量越高，肉的味道越好、越嫩。高脂肪含量意味着更多的热量、更多的饱和脂肪以及与之相关的健康风险。

红细胞

人体需要铁来制造血液中携带氧气的血红蛋白以及肌肉中的肌红蛋白。

细胞组成

我们需要肉类提供的氨基酸来构建组成细胞的蛋白质，包括细胞膜和所有的细胞器。

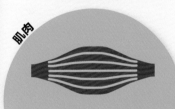

肌肉

肌肉纤维是由蛋白质构建的，只有饮食中摄入足够合适的氨基酸，才能合成此类蛋白质。

胆固醇

红肉可以燃烧，这意味着红肉富含饱和脂肪和胆固醇，这可能会影响我们的心血管健康（见第214~215页）。

致癌物质

在许多食物中，致癌物很自然地存在，但是它们含量很少，可以被其他营养物质所抵消。烟熏或烧焦的肉会产生致癌物质。

自1961年以来，全球猪肉消费量增长了336%。

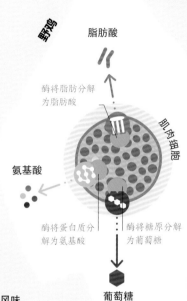

野鸡

脂肪酸

酶将脂肪分解为脂肪酸

肌肉细胞

氨基酸

酶将蛋白质分解为氨基酸

酶将糖原分解为葡萄糖

葡萄糖

生产风味

悬挂对于任何野生捕获的肉类来说都是常见的，包括像野鸡这样的动物。细胞内的酶开始攻击其他细胞成分，蛋白质被分解成风味氨基酸，糖原变成甜味葡萄糖，脂肪分解成芳香族脂肪酸。

悬挂肉

为了防止产生过度的韧性，动物被屠宰后，肉应该挂起来。新鲜屠宰的肉很嫩，但数小时内肌肉会产生不可逆转的收缩。为了减少这些影响，可以选择将肉悬挂起来，这样肌肉可以在重力作用下拉伸。较长的悬挂时间（如一周）可以让肌肉中的酶开始工作，从而使肉变嫩，并产生风味。

白　肉

白肉主要包括鸡肉、火鸡肉、鸭子肉和鸽子肉，有些定义也包括小牛肉、小猪肉、兔子肉、某些野禽和青蛙肉。白肉的不同作用和生理机能赋予它独特的风味和营养价值，进而促使全球家禽的生产和消费量激增。

为什么白肉是白色的?

白色肌肉是专门用于短时间剧烈运动的，也被称为"快速抽动纤维"。它们燃烧糖原来获取能量，可以在没有氧气的情况下短时间工作，然后必须在运动的爆发间隔期间休息。这意味着白肉比红肉可以携带更少的含氧色素（用于输送氧气的红色色素）。对于支持身体的鸡腿，它含有稍多的红色色素，它的肉是深色的。鸡腿中这些红肉纤维有它们自己的脂肪供应，使深色的肉更有味道。

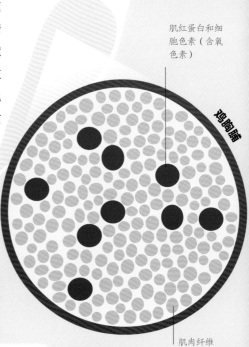

肌红蛋白和细胞色素（含氧色素）

鸡胸脯

肌肉纤维

浅色肉
白色肌肉细胞不像红色肌肉细胞那样需要丰富的血液供应，所以它们含有较少的含氧红色色素，使白肉颜色更浅。

上下烘烤

在西方文化中，厨师烤鸡或烤火鸡的诀窍是把它们背部向上放在烤箱里。这是因为大部分的脂肪位于它的背部，所以当背部向上放置时，脂肪会流入肉中，进而提供丰富的味道和湿润的质感。如果煮熟的胸部向上，味道丰富的脂肪只能留在锅的底部并被浪费掉!

脂肪从后背滴入肉中

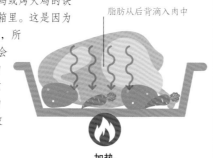

加热

牧场饲养还是笼养鸡?

营养学家认为，笼养的母鸡与牧场饲养的母鸡之间存在营养差异。牧场饲养的鸡具有不同的饮食习惯、更积极的觅食策略，并且压力水平低于笼养、畜棚或自由放养的鸡（见第232～233页）。有证据表明，这种饲养模式不仅改善了鸡肉中必需的脂肪酸和维生素的含量，还降低了不健康脂肪酸的含量。

维生素E

ω-6不饱和脂肪酸

−32.9%

饱和脂肪酸

−51.9%

ω-3脂肪酸

+90.8%

+406.8%

营养差异

根据一项比较牧场饲养鸡和笼养鸡的研究，牧场饲养的家禽具有较少的ω-6脂肪酸和更多的ω-3脂肪酸（特别是使用大豆饲养的家禽），总体脂肪（包括饱和脂肪）较少、维生素E更多。

图注

🔴 笼养鸡

⚪ 牧场饲养鸡

过去25年间，美国火鸡消费量已经翻番。

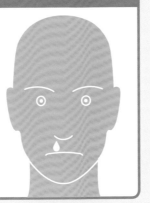

鸡汤的恢复特性

在一些文化中，尤其是在德系犹太人文化中，鸡汤长期被认为是特别有效的治疗感冒的方法。在一项对喝鸡汤和感冒的人的血液样本分析研究中发现，鸡汤确实有消炎和解充血的特性，可以缓解诸如流鼻涕等症状，促进良好的消化，增加液体摄入并提供健康的营养。

火鸡会让你昏昏欲睡吗?

不，完全不是——这只是一个神话。事实是在火鸡中发现了一种叫作色氨酸的氨基酸，它可以用来产生促进睡眠的褪黑激素。

切割肉

每块切割肉的营养、味道、质地甚至是烹饪方法，最终都取决于它在动物身上的原始位置及活跃度。

味道和质地

每块切割肉都对应着动物身上的某个部位。评估不同切割肉的指导原则是：更活跃的肌肉（如腿部肌肉）含有较厚的纤维和更多的结缔组织，因此口感更硬、更耐嚼，它还含有更多的脂肪，可能会更有味道。屠夫将牛、羊和猪等大部分动物肉归为一组，它们相同身体部位切割的肉可以用同样的术语来表示。在切割牛肉的时候，法国人的种类是最多的。

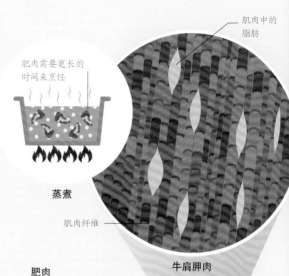

肌肉中的脂肪

肥肉需要更长的时间来烹饪

蒸煮

肌肉纤维

牛肩胛肉

肥肉
肥肉可以利用慢煮来使它们的脂肪减少。脂肪球主要分布在肌肉纤维之间，可以为肌肉纤维提供能量（见第68页）。

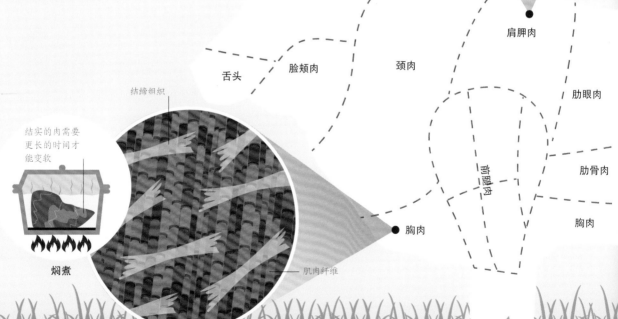

结缔组织

结实的肉需要更长的时间才能变软

焖煮

肌肉纤维

胸肉

舌头　脸颊肉　颈肉　肩胛肉　肋眼肉　前腿肉　肋骨肉　胸肉

结实的肉
胸部的切割肉，比如胸肉，有较多的结缔组织，在动物活着的时候可以支撑大部分重量。牛胸肉需要浸在液体中煮得更久，这样才能溶解结缔组织，使肉变得不那么硬。

肌肉纤维

瘦肉可以使用较
短的时间烹饪

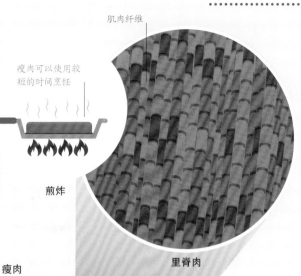

煎炸

里脊肉

瘦肉

不那么活跃的肌肉，如里脊肉，由于需要
较少的能量供应，所含脂肪很少，甚至不
含脂肪；因此，它们以精瘦、嫩著称。

内脏

内脏有许多种类（动物的内部器官，不包括肌肉
或骨骼），它们各自有独特的风味和质地。内脏通常
有更多的结缔组织，往往需要缓慢、彻底地烹饪；很
受欢迎的肝脏是一个例外。许多内脏和器官富含高浓
度的营养成分和脂肪酸。例如，肝脏和肾脏分别含有
大量的铁和叶酸（维生素B9）。

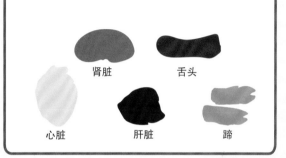

肾脏

舌头

心脏

肝脏

蹄

煮猪脚最长时间不超过
45 小时，超过后甚
至连骨头都可以吃。

臀肉

里脊

尾巴

后腿肉

牛腩

腿

为什么我们不能吃生肉？

人们认为，由于牙齿和胃的进
化，使它们更善于吸收更安
全、更容易获得的营养物质，
比如煮熟的肉类，但我们仍然
能够吃非常新鲜的生牛肉（如
鞑靼牛排）。

加工肉制品

从远古时代起，肉类就经历各种加工的过程，以延长其寿命，并增加风味和香味，而这只能通过独特的生化过程来产生，最终得到广泛的产品。

我们为什么要改变肉？

肉类新陈代谢活跃。它富含水分和营养物质，且在细胞水平上较脆弱，所以很容易迅速变质。变质包括脂肪腐败（氧化）以及来自动物兽皮和肠道的细菌的生长。加工肉制品有助于延缓或停止变质，并产生复杂而有趣的风味和质地。加工肉还可以指把整块肉切碎，然后重新构成，有时被称为"混合肉"。加工肉制品有独自的烹饪方法，同时也带来了健康风险。

每天吃一只热狗，患心脏病的风险要高42%。

切碎
切碎肉会极大地增加肉类的表面积，这就造成切碎肉表面是污染的危险区域。因此，生产者要确保任何细菌在肉类切碎前都要被杀死（非常简单的加热和冷却）。

混合肉
传统上，混合肉可以最大限度地利用珍贵动物尸体的每一部分，这样就不会浪费任何东西。如今，混合肉被认为是更便宜、质量更低的产品，往往对健康造成负面影响。

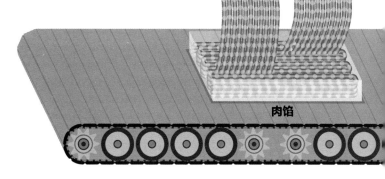

肉馅

保存方法

肉类的保存方法有很多，包括传统的烟熏和腌制方法（通常可以一起使用）。在现代，一般使用硝酸钾等防腐剂。肉中的细菌将硝酸钾转化为亚硝酸盐，它与肉中的氧气发生反应，生成一氧化氮。这个过程会结合铁，阻止氧气影响脂肪，使其腐臭。最终，肉就会呈现一种玫瑰色和辛辣的味道。

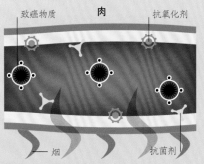

致癌物质　肉　抗氧化剂

烟

抗菌剂

烟熏
烟中含有抗菌剂和抗氧化剂，有助于防止脂肪变质。然而，烟也含有致癌物质。

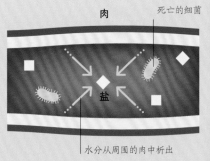

肉　死亡的细菌

盐

水分从周围的肉中析出

腌制
在肉类中加入的盐会从细胞中吸收水分，从而使微生物无法生长。高盐会导致蛋白质纤维扩散，使它们不再散射光线，让肉变得半透明。

香肠制作

为了制作香肠，切碎肉和一些其他填充物，比如面包屑和香料，都被塞进由动物肠制成的管子里。香肠中的脂肪可以防止烹饪时干燥。

不同部位的肉导致了香肠颜色斑驳

机械地重组

大多数重组火腿都是用脱骨的肉块（不一定是肌肉）压制成的。脱骨肉块通过用高压水流从骨头上脱离，这只是所谓的肉类"机械回收"的一种方法。

高压水流把肉从骨头上脱离

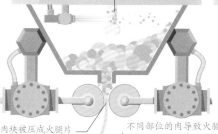

肉块被压成火腿片

不同部位的肉导致火腿的颜色不协调

注射盐水

许多熏肉和火腿产品被注射了水、糖、防腐剂、调味剂和其他添加剂，以使它们体积更大，节省成本。一些火腿片甚至含有50%的水。

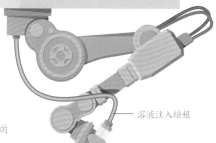

溶液注入培根

香肠

重组火腿

培根

为什么重组火腿有脂肪的皮？

重组火腿制造商通常会添加一层脂肪，让他们的产品产生一种真实感，就好像直接从动物身体上切割下来一样。

防腐剂的健康问题

亚硝酸盐是一种很受欢迎的防腐剂，它可以添加到肉类中，而且经常在意大利腊肠中使用。亚硝酸盐擅长抑制产生毒素的细菌的生长。然而，亚硝酸盐可以与肉中的氨基酸发生反应，产生一种叫作亚硝胺的致癌物质。尽管几乎没有确凿的证据表明，腌肉中的亚硝酸盐会增加癌症风险，但现在它的使用受到了严格的监管。

肉类替代品

消费者喜欢肉的味道、质地和营养价值，但许多人对肉类消费和生产的负面健康、环境和伦理影响感到担忧。解决这些问题的方法之一是使用越来越流行的肉类替代品。

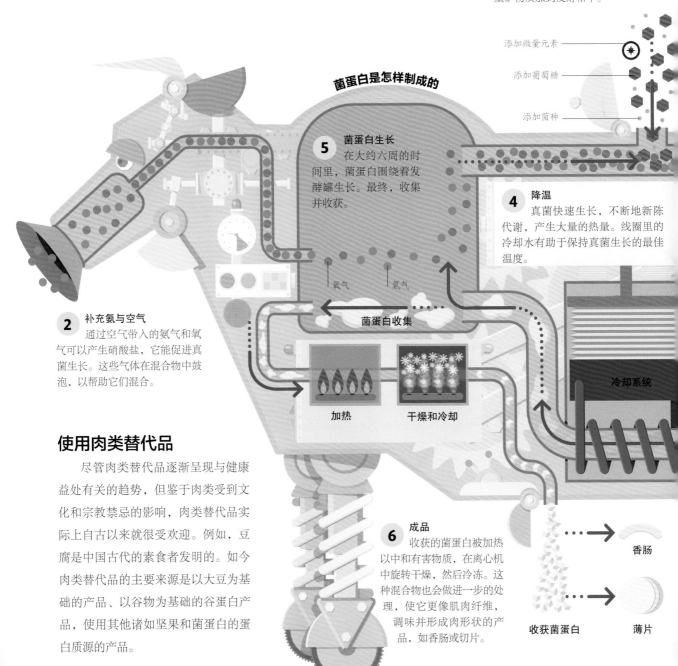

1 加入真菌、葡萄糖和矿物质
将镰刀菌的活菌株添加到发酵箱中。它需要食物来代谢合成蛋白质，因此，将灭菌的葡萄糖糖浆和微量矿物质加到发酵箱中。

添加微量元素
添加葡萄糖
添加菌种

菌蛋白是怎样制成的

5 菌蛋白生长
在大约六周的时间里，菌蛋白围绕着发酵罐生长。最终，收集并收获。

4 降温
真菌快速生长，不断地新陈代谢，产生大量的热量。线圈里的冷却水有助于保持真菌生长的最佳温度。

氧气　氮气

菌蛋白收集

2 补充氨与空气
通过空气带入的氨气和氧气可以产生硝酸盐，它能促进真菌生长。这些气体在混合物中鼓泡，以帮助它们混合。

加热　　干燥和冷却

冷却系统

使用肉类替代品

尽管肉类替代品逐渐呈现与健康益处有关的趋势，但鉴于肉类受到文化和宗教禁忌的影响，肉类替代品实际上自古以来就很受欢迎。例如，豆腐是中国古代的素食者发明的。如今肉类替代品的主要来源是以大豆为基础的产品、以谷物为基础的谷蛋白产品，使用其他诸如坚果和菌蛋白的蛋白质源的产品。

6 成品
收获的菌蛋白被加热以中和有害物质，在离心机中旋转干燥，然后冷冻。这种混合物也会做进一步的处理，使它更像肌肉纤维，调味并形成肉形状的产品，如香肠或切片。

香肠

收获菌蛋白　　薄片

在10世纪的中国，豆腐通常被称为"小羊肉"。

3 废气
通过混合物的空气和氨气，伴随着由真菌代谢产生的废气，一起从发酵容器中排出。

释放气体

菌蛋白（真菌）开始生长

多功能性大豆

大豆富含蛋白质和油脂，这为它成为肉类替代品奠定了基础。发酵大豆会释放出丰富的营养物质，然后使用类似牛奶和乳制品的处理方式，已经开发出许多不同的大豆产品。

豆腐
豆腐或豆块，是将豆奶凝结制成凝乳，然后挤出水分、压成块状。

千叶豆腐
经过冷冻和解冻的过程，豆腐形成了一个类似于许多层的海绵状网络结构。

大豆

有质感的植物蛋白
从豆油加工的副产品中提炼出的植物蛋白是一种多用途的肉类替代品。

豆皮
加热豆奶会产生一种薄而坚固的皮，可以保留豆油。富含纤维且耐嚼，干燥成薄片状或棒状。

菌蛋白是素食吗?

虽然纯正的菌蛋白可能是素食，但大多数市场产品不是，因为它们在加工过程中使用蛋清作为黏合剂，且加入了牛奶成分。

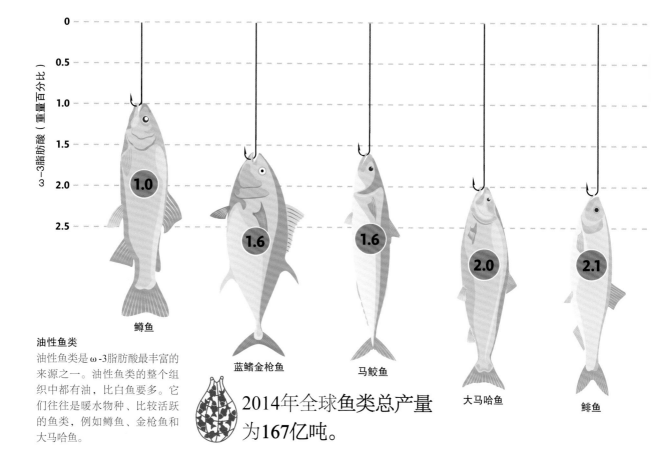

ω-3脂肪酸（重量百分比）

0
0.5
1.0
1.5
2.0
2.5

1.0
鳟鱼

1.6
蓝鳍金枪鱼

1.6
马鲛鱼

2.0
大马哈鱼

2.1
鲱鱼

油性鱼类

油性鱼类是 ω-3脂肪酸最丰富的来源之一。油性鱼类的整个组织中都有油，比白鱼要多。它们往往是暖水物种、比较活跃的鱼类，例如鳟鱼、金枪鱼和大马哈鱼。

2014年全球**鱼类总产量**为167亿吨。

油性鱼类和白鱼

鱼营养丰富，含有蛋白质、碘、钙、B族维生素和维生素D等营养成分，胆固醇含量低。鱼通常分为油性（或脂肪）鱼类和白鱼。油性鱼类比白鱼含有更多的脂肪，而且富含 ω-3脂肪酸（见第28～29页），特别是EPA和DHA。虽然这两种 ω-3脂肪酸在体内可以通过另一种 ω-3脂肪酸（α-亚麻酸）合成得到，但数量很少，所以EPA和DHA最好从饮食中获得。白鱼的脂肪比油性鱼类少，它们也含有 ω-3脂肪酸，但比油性鱼类少。

<u>鱼</u>

鱼类是人类饮食中最大的单一食物来源，也是快速发展的农业分支的产物，还是蛋白质和 ω-3脂肪酸等重要营养物质的来源。

生鱼片

日式薄薄的生鱼片在世界范围内很受欢迎。然而，由于鱼是生的，有可能被寄生虫或微生物污染，因此使用的鱼必须有严格的来源，并要小心地做好准备。

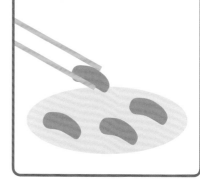

0
0.5
1.0
1.5
2.0
2.5

0.2
0.3
0.4
0.5
0.6

鲇鱼

鳕鱼

鲷鱼

大比目鱼

比目鱼

图注
- 油性鱼类
- 白色的鱼
- ω-3脂肪酸（按重量%）

白鱼

白鱼的油和ω-3脂肪酸比油性鱼类少，而且油脂往往集中在肝脏，而不是分布在整个身体组织中。白鱼包括所有的比目鱼，如大比目鱼和比目鱼，以及一些冷水海鱼，如鳕鱼、黑鱼和鳐鱼。

皮下脂肪

肌肉间脂肪

暗肌中脂肪浓度高

暗肌

肠腔

白色肌肉

脊柱

白色肌肉

油性鱼类

白鱼

脂肪在哪里？
在鱼类中，脂肪通常被储存在皮肤和肌肉块之间的薄层中。它也存在于沿着身体分布的暗肌中。油性鱼类中这些条带更大、更肥，白鱼中较小，且脂肪也较少。

毒素富集

　　海洋是大部分自然和人为污染物的最终储存库。那些不容易被自然分解的污染物，如汞、重金属和持久性有机污染物（POP，见第202~203页），在小型生物体内含量水平很低，但通过食物链积累，最终富集在顶级掠食者体内，如鲨鱼。

食物链中的毒素
持久性污染物随着食物链的上升而变得富集。鲨鱼、旗鱼和其他顶级掠食者体内可能含有高度危险水平的这些污染物。

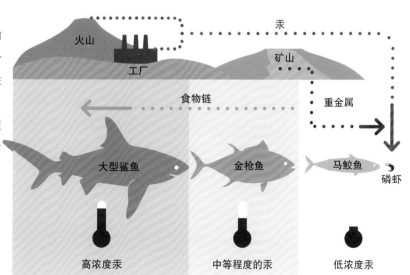

汞

火山

工厂

矿山

食物链

重金属

大型鲨鱼

金枪鱼

马鲛鱼

磷虾

高浓度汞

中等程度的汞

低浓度汞

贝　　类

史前遗址上巨大的、成堆丢弃的贝壳证明了贝类在人类饮食中的历史重要性，直到现在，这种多样化的水生生物群体仍然是营养物质的宝贵来源。

贝类的价值

甲壳类动物，如螃蟹和大虾，以及像牡蛎和章鱼这样的软体动物，都是一类超级食物，是精蛋白的极佳来源。它们富含B族维生素、碘和钙。从味道的角度看，海鲜富含美味的氨基酸，例如尝起来很甜的甘氨酸，还有鲜味（美味的）的谷氨酸。

为什么烹饪的甲壳类动物会变成红色？

甲壳类动物的外壳含有与蛋白质相连的类胡萝卜素。烹饪改变了蛋白质，释放出红颜色的类胡萝卜素。

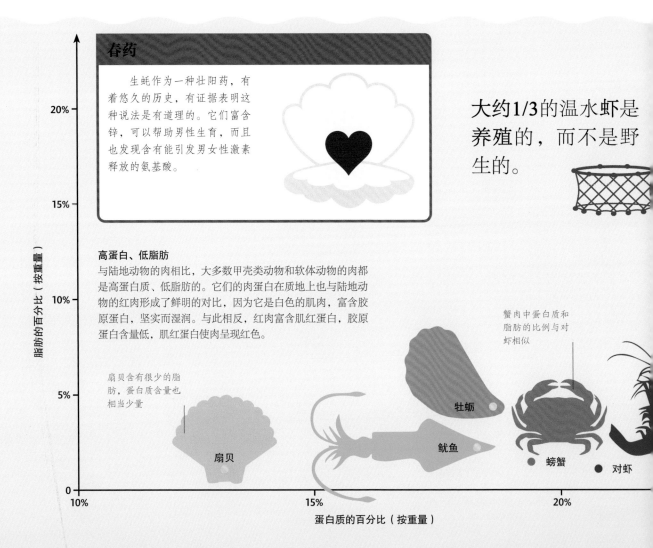

春药

生蚝作为一种壮阳药，有着悠久的历史，有证据表明这种说法是有道理的。它们富含锌，可以帮助男性生育，而且也发现含有能引发男女性激素释放的氨基酸。

大约1/3的温水虾是养殖的，而不是野生的。

高蛋白、低脂肪
与陆地动物的肉相比，大多数甲壳类动物和软体动物的肉都是高蛋白质、低脂肪的。它们的肉蛋白在质地上也与陆地动物的红肉形成了鲜明的对比，因为它是白色的肌肉，富含胶原蛋白，坚实而湿润。与此相反，红肉富含肌红蛋白，胶原蛋白含量低，肌红蛋白使肉呈现红色。

蟹肉中蛋白质和脂肪的比例与对虾相似

扇贝含有很少的脂肪，蛋白质含量也相当少量

脂肪的百分比（按重量）

20%

15%

10%

5%

0

牡蛎

鱿鱼

螃蟹

对虾

扇贝

10%　　　　　15%　　　　　20%

蛋白质的百分比（按重量）

什么时候适合吃贝类?

　　许多贝类在一年的特定时候最好避免食用，原因有很多。首先，许多物种在夏季繁殖，在此期间消耗了它们的能量储备，变得瘦小，口感变差；其次，夏季也是毒素水平最高的时期。吃贝类的最佳时期是在冬季的几个月，这段时期它们为准备繁殖而变肥，毒素含量水平也较低。

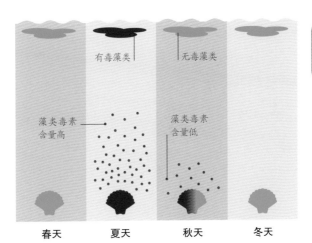

有毒藻类　　无毒藻类

藻类毒素含量高　　藻类毒素含量低

春天　　夏天　　秋天　　冬天

图注
安全
危险

季节性的毒性
夏季的几个月通常是最糟糕的，因为这段时期藻类和有害微生物在温暖的水域中大量繁殖，并在许多软体动物和甲壳类动物身体中累积。

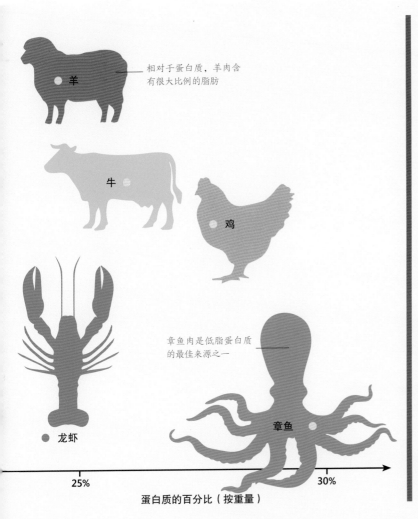

羊
相对于蛋白质，羊肉含有很大比例的脂肪

牛

鸡

龙虾

章鱼
章鱼肉是低脂蛋白质的最佳来源之一

25%　　30%

蛋白质的百分比（按重量）

贝类中毒

　　许多贝类通过从水中过滤食物残渣来进食。然而，它们也会捕获毒素和微生物，这些毒素可能会在贝类体内富集起来。如果食用了污染严重的贝类，可能会导致中毒。毒素不会被烹饪破坏。主要的贝类中毒症状概述如下。

麻痹性贝类中毒
麻木、刺痛、失去协调、难以说话、恶心、呕吐。这可能是致命的。

遗忘的贝类中毒
记忆问题，可能是长期的，甚至是永久性的脑损伤。这可能是致命的。

毒害神经的贝类中毒
恶心、呕吐、口齿不清。没有已知的死亡病例。

腹泻贝类中毒
腹泻、恶心、呕吐、腹痛。没有已知的死亡病例。

蛋

在发达国家的健康恐慌阴影笼罩了十多年后，鸡蛋重新进入人们的视野，许多人认为鸡蛋是最完美的食物。作为方便携带的健康蛋白质来源，鸡蛋富含几乎所有需要的营养物质。

营养丰富

蛋清，或蛋白，含有鸡蛋里90%的水和一半的蛋白质。蛋清中最丰富的蛋白是卵蛋白。蛋黄约占鸡蛋1/3的重量，包含1/2的蛋白质，3/4的热量和所有的铁、硫胺素（维生素B_1）、脂肪、胆固醇、维生素A、维生素D、维生素E和维生素K。事实上，鸡蛋是维生素D的为数不多的食物来源。蛋黄中也含有人体必需的脂肪酸。

鸡蛋营养成分

图标大小显示每个营养成分的总量。

　　0.1 ~ 9 微克

　　0.01 ~ 9.9毫克

　　10毫克 ~ 0.9克

　　1 ~ 5克

蛋白含量丰富，脂肪和胆固醇含量较低，蛋清在烹饪中非常有用

蛋黄中含有大量的维生素、矿物质和其他微量营养物质

蛋壳

蛋白

鸡蛋内部

鸡蛋提供了几乎完美的蛋白质平衡，还有 ω -6脂肪酸、玉米黄质抗氧化剂和叶黄素。事实上，除了维生素C和维生素B_3（烟酸）之外，鸡蛋含有所有营养必需的维生素和矿物质。

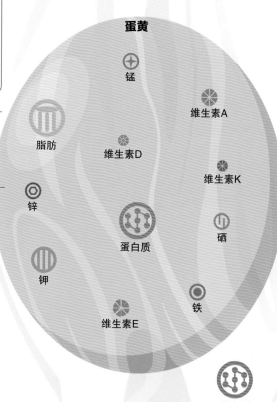

蛋黄

锰

维生素A

脂肪

维生素D

维生素K

锌

硒

蛋白质

钾

铁

维生素E

蛋白质

鸡蛋作为乳化剂

乳化剂可以使不能混合的物质混合，如油和水。它将一种物质的微小液滴悬浮在另一种物质中，最终产生乳剂。鸡蛋蛋白可以在烹饪中制出有用的乳剂，比如蛋黄酱，这是一种醋或柠檬汁中的油乳剂。

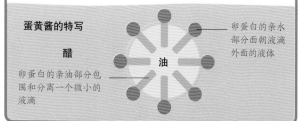

蛋黄酱的特写

醋

油

卵蛋白的亲水部分面朝液滴外面的液体

卵蛋白的亲油部分包围和分离一个微小的液滴

烹饪鸡蛋

鸡蛋是一种可多方式烹饪的食材。但随着时间的推移，鸡蛋的品质会降低，部分原因是蛋壳是多孔的，可以让水分逃脱。当鸡蛋脱水时，它会变得更具碱性，蛋清变稀、蛋黄周围的膜变弱。因此，要制作最好的煎蛋和水煮鸡蛋，新鲜的鸡蛋是最好的。

鸡蛋的蛋白质在加热或击打时会硬化，从而产生一系列有用的烹饪效果。

生鸡蛋

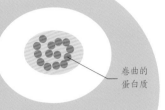

卷曲的蛋白质

在未加工的生鸡蛋中，蛋白质链折叠、卷曲，使它们保持分离、自我封闭的状态在水中悬浮，鸡蛋仍然是液体。

2014年全球人均可食用的鸡蛋数量是179个。

煮蛋

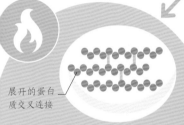

展开的蛋白质交叉连接

加热给蛋白质链提供能量，使之展开形成可以交叉连接的长链。交连的蛋白质链组合使鸡蛋变硬，变得不透明。

搅拌或打蛋

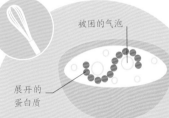

被困的气泡

展开的蛋白质

搅拌或打鸡蛋是另一种将能量注入的方法。与加热一样，蛋白质链获取能量，舒展并相互连接，使空气中的气泡形成泡沫。

蛋糕

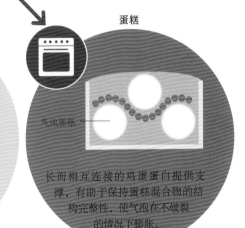

气泡膨胀

长而相互连接的鸡蛋蛋白提供支撑，有助于保持蛋糕混合物的结构完整性，使气泡在不破裂的情况下膨胀。

白色鸡蛋和棕色鸡蛋有什么区别？

鸡蛋的颜色并不能反映出味道或营养价值的差异。它仅仅是由产生它的母鸡的品种决定的。

一个坏名声

近年来，鸡蛋经历了一段糟糕的新闻报道，但大多数的报道都是没有根据的。例如，蛋黄的胆固醇含量很高，但与科学家曾经认为相反的是，膳食胆固醇对血液中胆固醇水平的影响并不大。事实上，吃鸡蛋的主要风险是沙门氏菌污染，这曾经是一些国家的头条新闻，但由于接种疫苗，现在的风险非常低。易受伤害的人（如老年人）可以通过烹煮鸡蛋来进一步降低患病的风险。

奶与乳糖

人类在哺乳动物中是独一无二的，可以在婴儿时期后继续饮用奶。我们或多或少的应对奶精（乳糖）的能力，为我们打开了美味营养的乳制品世界的大门。

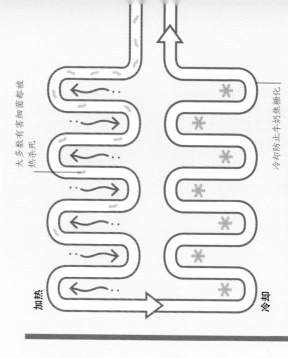

牛奶真的有助于治疗骨质疏松吗？

牛奶富含钙和磷，这两种矿物质有助于骨骼健康。对于那些牛奶不耐受的人，可以通过其他食物获取这些重要的矿物质。

大多数有害菌都被热杀死

冷却防止牛奶焦糖化

加热

冷却

巴氏灭菌法是如何工作的

在19世纪60年代，法国化学家路易斯·巴斯德（Louis Pasteur）研究了食物中的微生物活动，并发明了一种热处理杀死潜在的有害微生物，却不显著影响味道的方法。这一杀菌过程被应用于牛奶，使其可以安全饮用。

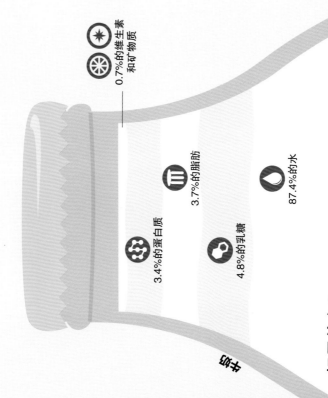

0.7%的维生素和矿物质

3.4%的蛋白质

3.7%的脂肪

4.8%的乳糖

87.4%的水

奶是什么？

奶是哺乳动物婴儿最初始的食物，它提供了丰富的营养物质，包括提供能量的糖和脂肪，以及用于身体生长发育的蛋白质、脂肪、矿物质和维生素。尽管奶中缺乏维生素B₁₂、维生素C、纤维和铁，但婴儿可以通过吃奶存活几个月，成年人也可以。不同种类的奶含有相同的营养成分，但比例可能不同。

驯鹿奶是营养最丰富的奶之一：含有17%的脂肪和11%的蛋白质。

乳糖耐受性

在人类进化过程中，喝牛奶的行为兴起相对较晚。这就造成耐受牛奶的基因在世界人口中分布不均匀。在大多数人体内，乳糖和消化乳糖的酶的含量，在婴儿期后迅速下降，因此成年人逐渐变得乳糖不耐受。然而，在世界的某些地方，特别是在斯塔维亚半岛，人们在成年期仍可以继续制造乳糖。

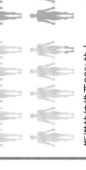

乳糖耐受性　　　乳糖不耐受

斯堪的纳维亚98%的人　　　中国8%的人
乳糖耐受　　　　　　　　乳糖耐受

乳制品的多样性

奶的多种成分赋予了它巨大的价值，无论是作为一种食物来源，还是作为一系列乳制品的原料，无论是发酵的还是未发酵的。对于具有中长保质期的乳制品来说，加工是很重要的，因为即使是巴氏杀菌奶也含有高浓度的细菌，而且会很快变质。

奶油是怎样制成的

奶油是在新鲜牛奶经处理的牛奶中自然形成的，因为它是一种重力作用下分离的乳制品。在工业生产中，通过高速旋转的离心式分离器可以从牛奶中分离奶油。

离心机　→　奶油

冰激凌是怎么制作的

不是将牛奶简单地冷冻就可以得到冰激凌。如果仅仅是冷冻的话，脂肪和蛋白质会凝结。相反，牛奶在冷冻过程中同时旋转，迫使空气进入混合物。这使冰晶保持稳定的速度生长，最终形成光滑、一致的冰激凌。

冷冻　→　冰激凌

炼乳是怎么制作的

将牛奶煮沸，蒸发掉一半的水后留下炼乳。炼乳的保质期很长，因为腐败的微生物无法在缺水的环境中存活。通常在炼乳中加糖来改善口感。

水蒸发　→　炼乳

如何制作奶粉

牛奶蒸发掉90%的水分得到一种高度浓缩的糖浆，经过冻干或喷雾干燥后得到奶粉。奶粉可以防止微生物滋生，但会腐坏。

喷雾干燥　→　奶粉

酸奶与益生菌

　　牛奶含有可以转化的特殊营养物质，细菌可以将这些物质转化为能改善营养的发酵产品。产生酸奶的微生物有益于肠道，促进肠道菌群的健康平衡和多样性。

酸奶是什么？

　　酸奶是凝结的（分离的）牛奶。分散在牛奶中的脂肪滴被分解后的蛋白质链捕获，形成了更厚、更粗壮的酸奶成分。这种结构上的变化是由细菌（如乳酸菌）酸化牛奶造成的。最初的酸奶可能是偶然产生的，现在它是用工业方法大规模生产的。

有没有其他方法来增加肠道菌群？

　　由于肠道内微生物数量过少，一些人会产生消化问题，他们可以通过粪便移植获得这些必要的细菌。含有丰富肠道菌群的粪便首先被液化，然后注入病人的结肠中。

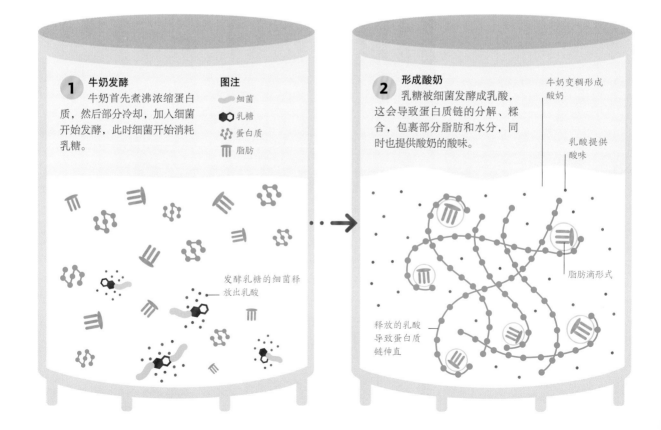

1 牛奶发酵
牛奶首先煮沸浓缩蛋白质，然后部分冷却，加入细菌开始发酵，此时细菌开始消耗乳糖。

图注
- 细菌
- 乳糖
- 蛋白质
- 脂肪

发酵乳糖的细菌释放出乳酸

2 形成酸奶
乳糖被细菌发酵成乳酸，这会导致蛋白质链的分解、糅合，包裹部分脂肪和水分，同时也提供酸奶的酸味。

牛奶变稠形成酸奶

乳酸提供酸味

脂肪滴形式

释放的乳酸导致蛋白质链伸直

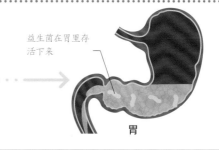

益生菌能在消化过程中存活吗？

　　酸奶和益生菌补充剂中的益生菌都是经过精心挑选和测试的，以确保它们能在胃的酸性环境中存活下来。一些益生菌补充剂甚至添加了保护益生菌的物质，确保它们安全到达小肠的碱性环境。

酸奶中的益生菌

益生菌在胃里存活下来

胃

益生菌食品

　　益生菌是一类有益的微生物群落（见第25页），它们可以在我们的肠道中生存，并成为我们肠道菌群的一部分。一些酸奶中的细菌都在人类肠道中存在，如双歧杆菌（也出现在婴儿肠道中，从母乳中获得）、发酵乳杆菌、干酪乳杆菌和嗜酸乳杆菌，它们可以通过竞争关系抑制有害细菌、屏蔽肠壁、产生抗生素，使肠道环境不利于有害细菌生长。它们还能提高免疫力、减少炎症、有助于降低胆固醇（见第25页），甚至可以抑制致癌物。

100万亿的肠道细菌是身体细胞数量的10倍。

酸奶中的益生菌	益　　处
鼠李糖乳杆菌	研究表明，它可能降低发生过敏的风险，帮助肥胖妇女减肥，治疗儿童严重胃肠炎，并降低未出生婴儿鼻病毒感染的风险。
乳酸乳球菌	研究表明，该细菌可能有助于治疗抗生素相关的腹泻，产生抗菌和潜在的抗肿瘤化合物，并防止引起腹泻的感染。
植物乳杆菌	研究表明，它可以预防体内毒素产生（细菌中的毒素），具有抗真菌性能，并可以减轻肠易激综合征的症状。
嗜酸乳杆菌	它通常用于抵抗常见的旅客腹泻。研究表明，它可能有助于减少严重腹泻儿童的住院时间，并具有抗真菌性能。
双歧杆菌	这是分娩后第一批定植于婴幼儿肠道的细菌之一。研究表明，它可能有助于减少严重腹泻儿童的住院时间，有助于降低胆固醇水平。
动物双歧杆菌	研究表明，这种菌株可能有助于治疗成年人便秘，减少牙菌斑中的微生物，降低上呼吸道疾病的风险，降低总胆固醇。

移动的益生菌

　　开菲尔是东欧、高加索和其他地区由发酵乳制成的温和酒精酸奶饮料，它是由被称为"谷物"（但不是谷物）的益生菌与乳蛋白、脂肪和糖结合制成的。"谷物"益生菌看起来像花椰菜的花，它已经通过家庭和社区传递开来，并且通过移民传递到很远的地方。许多其他传统发酵乳制品的起始菌种也同样由移民传递到世界各地。

开菲尔"谷物"益生菌

奶 酪

单一的加工方式也可以产生各种各样的产品，就像利用牛奶制作奶酪一样。奶酪可以有成千上万种形式，从柔软的、弯曲的，到坚硬、辛辣的。

奶酪是怎样制成的

牛奶的保质期很短。把牛奶做成奶酪是一种浓缩和保存营养的方法，它主要是通过除去牛奶中维持腐败微生物生存的水实现的。牛奶凝结后可以去除大部分水分，将凝块进行盐渍和酸化有助于进一步保存。最终得到的蛋白质和脂肪的固体混合物，牛奶和微生物中的酶可以将这些分分解成风味物质。

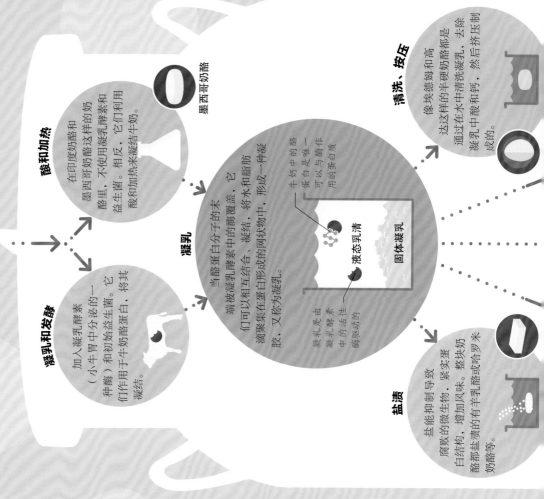

牛奶

凝乳和发酵

加入凝乳酶素（小牛胃中分泌的一种酶）和初始益生菌，将其凝结。

酸和加热

在印度奶酪和墨西哥奶酪这样的奶酪里，不使用凝乳酶素和益生菌，相反，它们利用酸和加热来凝结牛奶。

墨西哥奶酪

凝乳

当酪蛋白分子末端被凝乳酶素中的酶覆盖，它可以相互结合、凝结，将水和脂肪滴聚集在蛋白质网状物中，形成一种凝胶，又称为凝乳。

牛奶中的酪蛋白是唯一可以与酶作用的蛋白质

液态乳清

固体凝乳

凝乳是由凝乳酶素中的活性酶驱动的

盐渍

盐能抑制导致腐败的微生物、紧实蛋白结构、增加风味。整块奶酪都盐渍的有羊乳酪或哈罗米奶酪等。

清洗、按压

像埃德姆奶和这这样的半硬奶酪都是通过在水中清洗凝乳，去除凝乳中酸和钙，然后挤压制成的。

至少有400种化合物可以影响奶酪的口感。

各种各样的奶酪

由奶制成的奶酪有很多种类，它主要取决于加工过程：如挤压、干燥、清洗、烹饪的方式和程度，是否添加了霉菌以及老化的时间长短也有影响。牛奶本身的蛋白质和脂肪含量（以及它来自的动物）也决定了制作奶酪的种类。

加热

为了得到更硬的奶酪，可以通过加热将更多的液态乳清挤出凝乳。加热时间越长，奶酪越干。

红列斯特奶酪

切达和挤压

将凝乳切成块状，通过堆积、碾碎和挤压形成硬的干奶酪（"切达干酪"）。

内部成熟

青霉菌在奶酪的穿孔中生长，它们将牛奶脂肪分解成更小的分子，以产生蓝纹奶酪独特的味道。

奶酪穿孔

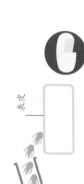

斯提尔顿奶酪

微生物

根据所需酪的奶酪，可以在生产的不同阶段添加微生物。

卡蒙贝尔奶酪

表皮

形成表皮

在奶酪表面制作用的白色霉菌，如青霉，会分解蛋白质，引起酪离，钙离，液化奶酪。子从中心迁移，液化奶酪。

拉伸

凝乳泡在热水中，通过揉捏和拉伸，产生纤维状的奶酪，然后趁新鲜食用，如马苏里拉奶酪。

马苏里拉奶酪

老化

奶酪的老化或精炼是一门艺术。波罗伏洛奶酪是在拉伸后老化得到的。

波罗伏洛奶酪

奶酪会让你做噩梦吗?

没有确凿的证据证明这种说法是正确的，但高脂肪含量的食物会扰乱人的消化和睡眠，这可能会让人记住更多的梦。

草饲奶酪

草饲奶酪是由只用草饲养的牛的牛奶制成的。它天然富含维生素K、钙和亚油酸。亚油酸是一种富脂肪酸，与各种健康有关，包括维持免疫系统和炎症系统，提高骨密度、减少身体脂肪，改善血糖调控、减少心脏病发作，维护苗条身材。

维生素K　钙　脂肪酸

淀粉类食物

　　虽然淀粉类食物吃起来平淡无味，但诸如土豆、山药、大米、小麦和豆类仍是大多数人日常饮食的主食，它们提供了大量的能量以及营养物质，如蛋白质和纤维。

淀粉类食物类型

　　淀粉是植物用来储存能量的，无论是在植物细胞中短暂储存，还是在根、块茎、水果或种子中长期储存。这些长期储存的类型是我们熟悉的淀粉类食物，例如土豆和水稻。然而，淀粉类食物还包括加工食品，如面粉、面包、面条和意大利面。大多数权威人士建议，淀粉类食物是我们饮食中碳水化合物的主要来源。

淀粉是什么？

　　淀粉是由相同的葡萄糖单元连接在一起组成的长链碳水化合物。淀粉有两种类型：直链淀粉和支链淀粉，它们分别由葡萄糖分子直链或支链组成。淀粉食物中直链淀粉和支链淀粉的相对比例会影响其消化的速度，进而影响其血糖指数。

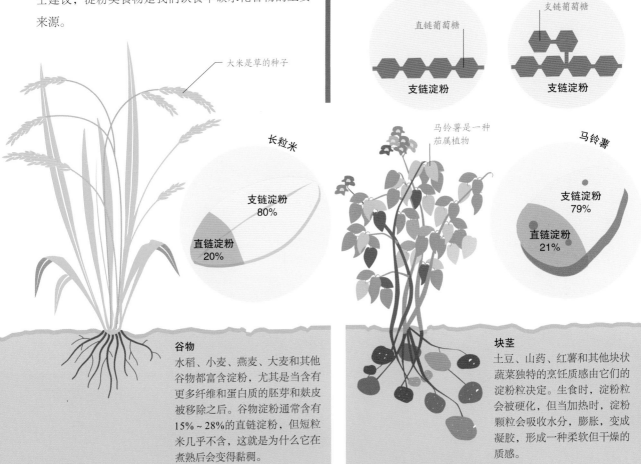

大米是草的种子

支链葡萄糖

直链葡萄糖

支链淀粉

支链淀粉

长粒米

支链淀粉
80%

直链淀粉
20%

马铃薯是一种茄属植物

马铃薯

支链淀粉
79%

直链淀粉
21%

谷物
水稻、小麦、燕麦、大麦和其他谷物都富含淀粉，尤其是当含有更多纤维和蛋白质的胚芽和麸皮被移除之后。谷物淀粉通常含有15%～28%的直链淀粉，但短粒米几乎不含，这就是为什么它在煮熟后会变得黏稠。

块茎
土豆、山药、红薯和其他块状蔬菜独特的烹饪质感由它们的淀粉粒决定。生食时，淀粉粒会被硬化，但当加热时，淀粉颗粒会吸收水分、膨胀，变成凝胶，形成一种柔软但干燥的质感。

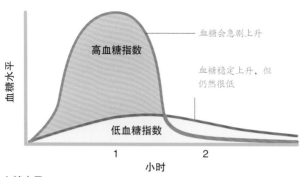

血糖水平

高血糖指数

血糖会急剧上升

血糖稳定上升，但仍然很低

低血糖指数

1　2

小时

血糖水平

高血糖指数（GI）的食物会产生大量的血糖，导致其快速升高，随后又迅速下降，让我们感到饥饿。低血糖指数的食物不会导致这种"糖峰值"，它会使血糖缓慢、少量地增加，然后逐渐减少。

血糖指数

　　血糖指数（GI）是一种衡量碳水化合物食物在独自摄入后提高血糖水平快慢的指数。消化快的碳水化合物可以导致血糖迅速增加，它就是高血糖指数食物，如糖和含有大量支链淀粉的土豆和水稻。支链淀粉比直链淀粉更容易消化，因为它有更多的链末端，可以与酶相互作用。但是食物的血糖指数本身并不能很好地说明食物是否健康，例如薯片比煮土豆的血糖指数更低，但它脂肪含量很高。

在全球范围内，平均每人每年吃33千克土豆。

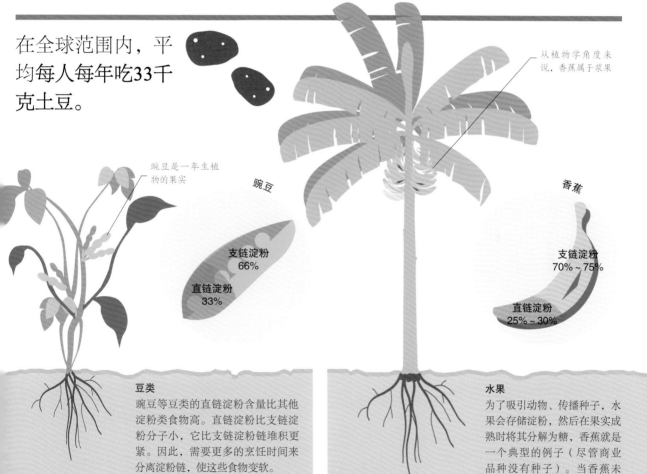

从植物学角度来说，香蕉属于浆果

豌豆是一年生植物的果实

豌豆

香蕉

支链淀粉
66%

直链淀粉
33%

支链淀粉
70%～75%

直链淀粉
25%～30%

豆类

豌豆等豆类的直链淀粉含量比其他淀粉类食物高。直链淀粉比支链淀粉分子小，它比支链淀粉链堆积更紧。因此，需要更多的烹饪时间来分离淀粉链，使这些食物变软。

水果

为了吸引动物、传播种子，水果会存储淀粉，然后在果实成熟时将其分解为糖，香蕉就是一个典型的例子（尽管商业品种没有种子）。当香蕉未熟时，它含有70%～80%的淀粉，然而成熟后，淀粉含量低于1%。

谷　　物

　　谷物是全球最重要的食物种类，它为世界上大多数人口提供能量和营养。

谷物类型

　　谷物是指禾本科植物的可食的种子。我们最常吃的谷物有水稻、小麦、玉米、燕麦、大麦、黑麦和小米，它们可以独自食用，也可以作为其他食物的原料。苋菜、荞麦和藜麦通常也被认为是谷物，尽管从植物学角度来说，它们与真正的谷物没有任何关系。从营养上说，它们都富含碳水化合物，大部分是复杂的、缓慢释放的淀粉。

谷物解剖
谷物是种子，旨在保护和培育胚胎植物。它们主要由三个部分组成：胚芽（植物胚胎）、胚乳（能量储存）和麸皮（保护层的外层）。许多有价值的营养成分都在胚芽和麸皮中，而这些在精炼过程中都被去除了。

矿物质　　植物化学物质

麸皮
麸皮是谷物外层的一种坚硬、纤维状物质，富含纤维、矿物质、B族维生素和酚类植物化学物质（用于构建种子防御系统）。

纤维

B族维生素

麸皮

胚乳

蛋白质　　碳水化合物

胚乳
谷物的胚乳富含淀粉、蛋白质、脂肪和B族维生素，尽管它们的含量随谷物种类不同而不同。

脂肪

B族维生素

胚芽

矿物质　　植物化学物质

胚芽
胚芽是谷物中营养和味道最丰富的部分，含有大量的脂肪、蛋白质、维生素、矿物质和植物化学物质。

蛋白质

B族维生素

脂肪　　维生素A

全谷物和精制谷物对比

　　全谷物包含了谷物的所有部分，精制谷物去掉了麸皮和胚芽，如白米和白面粉。精制也可能涉及漂白，使谷物看起来更白。经过精制后，为增加营养，谷物可能补充添加以前被去除的营养物质。

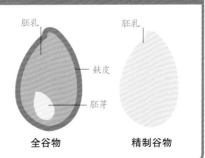

胚乳　　　　　　胚乳
麸皮
胚芽

全谷物　　　　**精制谷物**

100000

全球大约有10万种水稻。

水稻的类型

　　水稻是全球人类最大的能量来源。平均而言，它贡献了地球上人均总能量摄入的21%，尽管这个数值有很大的地区差异。例如，在越南和柬埔寨等东南亚国家，水稻提供了人均摄入总能量的80%。水稻的亚种主要有两个：粳稻和籼稻，爪哇稻是粳稻的一种亚种。

粳稻
粳稻原产于中国，但现在生长在许多温带和亚热带地区，粳稻是短粒的，直链淀粉含量低（见第90页）。

籼稻
长粒籼稻生长在低热带和亚热带地区。它的直链淀粉含量很高，需要长时间蒸煮。

爪哇稻
爪哇稻主要生长在印度尼西亚和菲律宾的高热带地区，和粳稻一样，爪哇稻的直链淀粉含量较低。

　　从全球范围来看，我们从谷物中摄取的能量远高于其他任何食物。总的来说，谷物提供了我们所摄入总能量的一半以上。发展中国家人们所摄入的热量约有60%直接来自谷物。在发达国家，这一数字约为30%，更多的热量是通过动物间接从谷物中获得的。

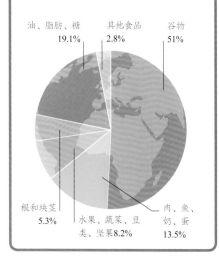

油、脂肪、糖 19.1%
其他食品 2.8%
谷物 51%
根和块茎 5.3%
水果、蔬菜、豆类、坚果 8.2%
肉、鱼、奶、蛋 13.5%

谷物的营养成分

　　总的来说，全谷物是热量、碳水化合物、纤维、蛋白质、B族维生素和植物化学物质的很好来源。大多数谷物含有70%～75%的碳水化合物、4%～18%的纤维、10%～15%的蛋白质、1%～5%的脂肪。然而，不同的谷物中营养成分含量之间有很大的差异，如白米和苋菜。

苋菜和白米
与其他大多数谷物相比，苋菜的碳水化合物含量相对较少，但却含有大量的脂肪，而白米富含碳水化合物，脂肪含量很低。

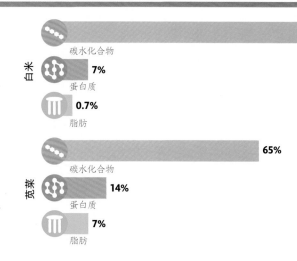

白米
碳水化合物 80%
蛋白质 7%
脂肪 0.7%

苋菜
碳水化合物 65%
蛋白质 14%
脂肪 7%

面　　包

面包是一种最基本的面粉和水的混合物，通常加入盐、酵母或膨松剂，比如碳酸氢钠。面包是最古老的预加工食品之一，即使在今天它仍然是一种重要的主食。

发酵面包

发酵面包通常是用酵母作为膨松剂，促使面团产生气泡、膨胀变大。面粉和水的混合促使面粉中的谷蛋白形成网状结构（见第98～99页）。酵母将面团中的淀粉和糖发酵成酒精和二氧化碳气体，并被困在谷蛋白网状结构中。当发酵的面团被烘烤时，热量会驱走酒精和二氧化碳，留下海绵状的面包。

无酵面包

无酵面包是在发酵面包之前发展起来的，现在仍然很受欢迎。它是自然发展起来的谷物使用方法，可以将谷物制作为粥或谷物糨糊。无酵面包只是简单地将不含任何膨松剂的谷物糨糊直接烘烤，制作成一种扁平的面包。

无酵面包	来源
多提亚玉米饼	拉丁美洲
北美玉米饼	北美
索里	北非
皮塔饼	希腊
巴拉迪	埃及
布里	沙特阿拉伯
马佐无酵饼	中东
亚美尼亚脆饼	中东
印度薄饼	印度
印度飞饼	印度

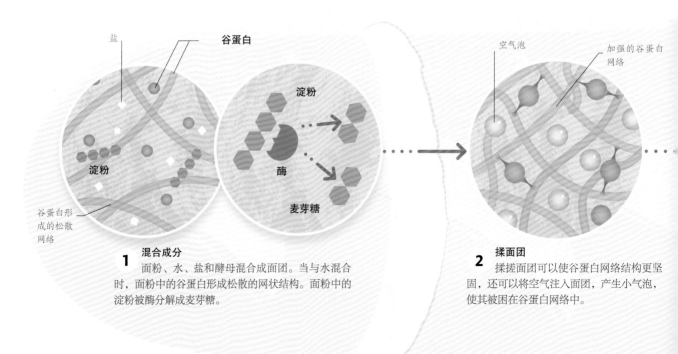

盐　　谷蛋白　　淀粉　　谷蛋白　　空气泡　　加强的谷蛋白网络

淀粉　　酶　　麦芽糖

谷蛋白形成的松散网络

1 混合成分
面粉、水、盐和酵母混合成面团。当与水混合时，面粉中的谷蛋白形成松散的网状结构。面粉中的淀粉被酶分解成麦芽糖。

2 揉面团
揉搓面团可以使谷蛋白网络结构更坚固，还可以将空气注入面团，产生小气泡，使其被困在谷蛋白网络中。

酵母面包

　　第一个发酵面包可能是酵母面包，它是利用野生酵母和特定细菌组成的发酵剂制作而成的。由于野生酵母不能处理面团中的麦芽糖，麦芽糖由细菌分解，产生乳酸作为副产物品。所以酵母面包有一种略带酸味的口感，但它通常比其他种类的发酵面包更美味、更紧实、更持久。

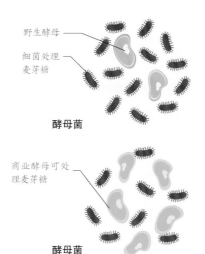

野生酵母
细菌处理麦芽糖

酵母菌

商业酵母可处理麦芽糖

酵母菌

 **第一个切片面包**是由美国发明家奥托·罗韦德尔于1928年制作的。

不要烤面包！

　　丙烯酰胺是一种致癌化学物质，当面包或其他淀粉类食物（如土豆）在高温下烹饪并开始呈褐色时会产生丙烯酰胺。可以通过烹调食物达到可接受的最浅颜色来减少丙烯酰胺的含量。

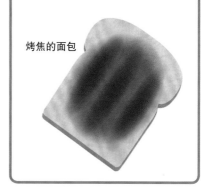

烤焦的面包

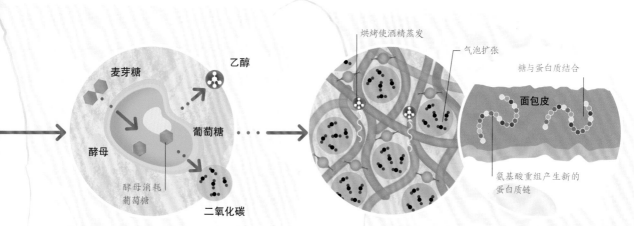

麦芽糖
乙醇
葡萄糖
酵母
酵母消耗葡萄糖
二氧化碳

烘烤使酒精蒸发
气泡扩张
糖与蛋白质结合
面包皮
氨基酸重组产生新的蛋白质链

3　发酵
　　面团揉搓后开始发酵。在这个过程中，酵母菌产生的酶将麦芽糖转化成更简单的葡萄糖，然后消耗葡萄糖获得能量，产生二氧化碳气体和酒精。二氧化碳气体有助于使面团中的气泡扩大，使面团膨胀。

4　烘焙
　　烘烤使酒精蒸发，驱逐出二氧化碳，使气泡膨胀并相互交错，形成海绵状结构。在面包表面发生美拉德反应（见第63页），将氨基酸和糖组合成棕色的表皮。

面条与意大利面食

面条在东亚有着悠久的历史，是许多国家人们的主食。意大利面食是一种特殊的面条，它是意大利人传统的主食，但已经在世界范围内广泛食用。

区别是什么？

面条是各种形状的面团，如片状、带状，可以由各种各样的面粉制成。面粉与水或鸡蛋两种或三种混合，制成面团，然后做成特定形状并烹饪。意大利面食是一种由硬质小麦面粉制成的小麦面条，它的麸质含量较高，可以做成各种复杂的形状（见第98页）。

面粉种类
用来制作面条的面粉有很多种类，包括一些不同寻常来源的面粉，比如野葛根、绿豆、魔芋球茎（原产于亚洲）。在这里所显示的面粉类型中，除了小麦和硬质小麦面粉外，其他都是不含麸质的。

意大利面应该煮得硬一点吗？

煮得硬一些的意大利面比软一点的意大利面在体内分解得更慢。它会更慢地释放糖，血糖指数较低，可以降低血糖峰值。

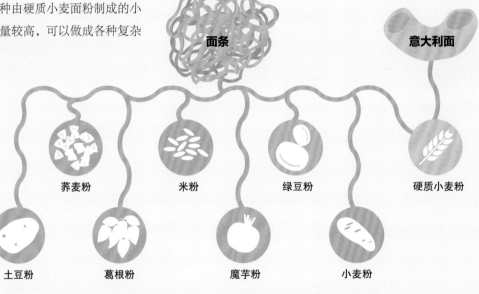

面条

意大利面

荞麦粉

米粉

绿豆粉

硬质小麦粉

土豆粉

葛根粉

魔芋粉

小麦粉

方便面是怎么做的

制作方便面的关键是中间环节。煮熟并冷却的面条比普通面条更容易吸收水分，这意味着它们会吸收更多的水分，食用时所需烹饪时间更短。

1 准备面团
面粉、水、盐和碱液混合并揉成面团，然后卷切成细面。

面团表面

生面条

2 烹饪和冷却
生面条用蒸汽蒸几分钟，然后冷却以使其变硬。

蒸面条

3 脱水
通过空气干燥或油炸除水，得到的方便面。

方便面

装饰物形状

蝴蝶面

贝壳面

车轮面

暖气片面

长条状

长形意大利面

意大利细面

意大利面–天使的发丝

意大利螺丝面

意大利面的形状

意大利面的形状和图案是美学、功能和文化的结合。有些形状和类型与特定区域有关，比如意大利南部坎帕尼亚的斜管面，以及意大利西北部伦巴第的蝴蝶面。有些意面形状特别适合用来存储酱料，例如，贝壳状的贝壳面适合于较厚的肉或奶油酱，甚至可以被酱料填充。

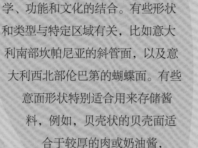

带状

意大利宽面

意大利干面

意大利扁细面

意大利千层面

意大利粗管通心粉

意大利通心粉

意大利粗纹通心面

短切状

意大利斜管面

青铜模具的意大利面

青铜模具的意大利面是将面团挤压通过一种穿孔板模具得到的。青铜制成的模具很受欢迎，因为它们表面粗糙，可以使意大利面形成粗糙的表面，有助于保留酱汁；青铜模具的意大利面也能更快地烹饪。

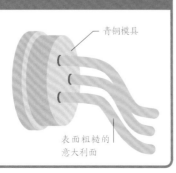

青铜模具

表面粗糙的意大利面

全世界每年生产

1430万吨意大利面。

麸质

麸质是面包、意大利面及其他面制品的重要组成部分，存在于包括小麦在内的许多谷物中。然而，有些人对麸质过敏，摄入后会出现健康问题。

麸质是什么？

麸质是一种巨大的复合蛋白质，也是已知的最大的蛋白质，它由许多有强韧、弹性的小蛋白质通过分子键相互连接组成。这些更小的蛋白质是长链状的谷蛋白和短小的醇溶蛋白。谷蛋白使麸质有弹性，醇溶蛋白使麸质更有韧性。这种弹性和韧性，结合麸质的网格状结构，使它可以捕捉气泡，在面包制作过程中起到重要作用（见第94～95页）。

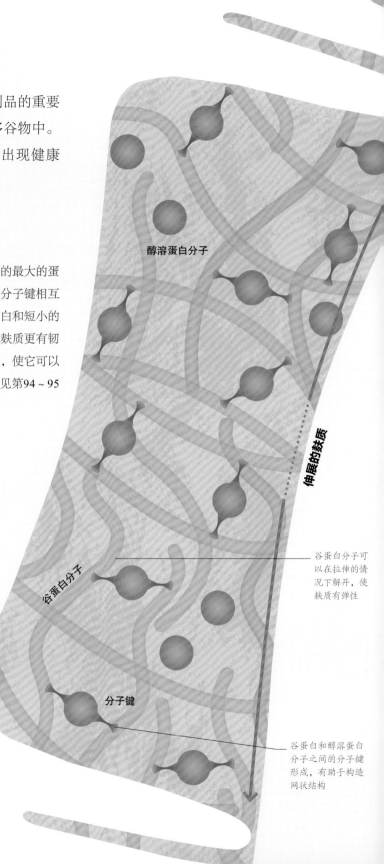

醇溶蛋白分子

伸展的麸质

谷蛋白分子

分子键

谷蛋白分子可以在拉伸的情况下解开，使麸质有弹性

谷蛋白和醇溶蛋白分子之间的分子键形成，有助于构造网状结构

存在无麸质小麦吗？

不，所有的小麦都含有麸质。然而，有一种小麦淀粉是不含麸质的，它是通过清水彻底清洗小麦面粉来去除麸质得到的。

麸质的结构

麸质是一种有弹性的胶状物质，由面粉中的小分子谷蛋白和醇溶蛋白在水中混合得到。制作面团时可以得到谷蛋白，随着面团被揉捏，谷蛋白和醇溶蛋白分子结合在一起形成一个可以捕捉气泡的网状物。由于网状物是有弹性的，气泡可以在不破坏其结构的情况下膨胀。

麸质敏感

　　很多人对饮食中的麸质不耐受，摄入后会产生健康问题（见第208～209页）。其中一个问题是腹腔疾病，这是由于人体的免疫系统对麸质反应异常导致的；另一个主要的健康问题是非腹腔谷蛋白敏感（NCGS），其产生原因尚不清楚。上述两种问题都有类似的症状，包括胃痛、腹泻或便秘、头痛和疲劳，但腹腔疾病更严重，会对肠道造成永久性损伤。

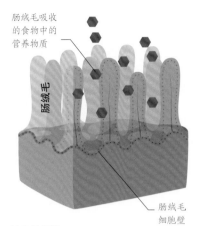

肠绒毛吸收的食物中的营养物质

肠绒毛

肠绒毛细胞壁

健康的肠道
在健康的人群中，肠道的内壁有成千上万个微小的、指状的突起，称为肠绒毛，它大大增加了肠道的表面积，增强了吸收营养的能力。

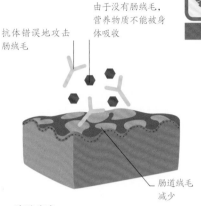

由于没有肠绒毛，营养物质不能被身体吸收

抗体错误地攻击肠绒毛

肠道绒毛减少

腹腔疾病
在患有腹腔疾病的人群中，麸质会刺激免疫系统错误地攻击肠绒毛，损害并减少它们。结果，肠道吸收营养物质的能力受损。

无麸质食物

　　许多食物天然不含麸质，包括新鲜水果和蔬菜、土豆、水稻、豆类、新鲜的肉和鱼（见第210～211页）。现在还有许多不含麸质的加工食品，它们可能是由不含麸质的替代品制作，如使用米粉而不是小麦粉，或使用模拟麸质性质的物质，如黄原胶可以使面团更有弹性。

除非非常小心，无麸质饮食可能会缺乏维生素、矿物质和纤维。

	食物种类	不是无麸质食物
	谷物	小麦、黑麦、大麦、斯佩尔特小麦、卡姆、单粒小麦、二粒小麦
	蔬菜	含有特定乳化剂、防腐剂、增稠剂、稳定剂，或淀粉的罐装蔬菜或即食蔬菜
	水果	含有增稠剂或淀粉的水果馅料
	乳制品	含有某些增稠剂的加工奶酪
	肉	添加了添加剂的香肠产品和加工肉制品含有麸质
	鱼类和贝类	包裹了面糊或面包屑的鱼
	脂肪和油	含麸质添加剂的人造黄油和植物油
	饮料	含麸质添加剂的咖啡或可可、啤酒、麦芽饮料
	其他食物	素肉（小麦麸质，也被称为"小麦肉"）

菜豆、豌豆与干豆

菜豆、豌豆和干豆都属于豆科植物——种果实包含在豆荚里的植物。豆科植物不仅是我们的营养来源，而且对饲养动物和肥沃土壤也很有意义。

干豆是什么?

"干豆"一词指的是豆类的干果，包括干豌豆、干菜豆、干小扁豆和干鹰嘴豆等。新鲜的豆类，如菜豆和青豆，都不属于干豆。从原则上来讲，大豆(见第102~103页)和花生(见第126~127页)都是豆类，与干豆有关，但在食品科学中，它们通常不包括在豆类中，因为它们的脂肪含量很高。

制造蛋白质

豆科植物之所以特殊，是因为它们的根部可以寄生细菌。细菌可以利用空气中的氮来制造氨，然后转化为蛋白质。氨也有助于给植物施肥。

豆类含有丰富的可溶纤维，我们不能消化纤维，但肠道里的细菌可以，在这个过程中会产生大量的气体。

为什么豆子会产生气体?

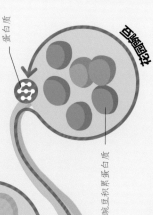

花园豌豆

蚕豆

豇豆

3 蛋白质在果实中累积

部分蛋白质被带到豆类的果实中，如豌豆。随着果实的生长，蛋白质逐渐累积起来。

豌豆积累蛋白质

蛋白质

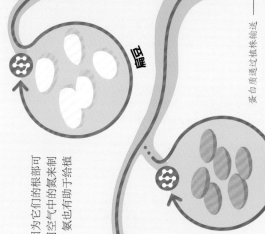

扁豆

红花菜豆

蛋白质通过植株输送

干豆的营养价值

干豆是很好的蛋白来源，与牛肉等动物蛋白源相比。干豆脂肪含量低，纤维含量高。虽然干豆的碳水化合物含量很高，但大部分都是消化缓慢的淀粉，所以它们不会引起血糖水平的急剧升高。干豆也富含植物化学物质（见第110～111页），矿物质和B族维生素。

牛肉
水73%　蛋白质21%　脂肪5%　其他1%

蚕豆
碳水化合物17.6%　水73%　蛋白质8%　脂肪0.7%　其他0.7%

清除毒素

一些菜豆含有毒素，如果生吃的话会导致严重中毒。最著名的例子可能是红芸豆，但利马豆和菜豆也含有毒素。生菜豆可以通过浸泡或煮熟来解毒，同时也软化了它们，使它们更容易消化。

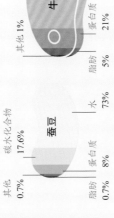

豆子泡在水里

2　蛋白质的产生

氨在植物的叶子和其他部位转化为蛋白质，然后将其分布到整个植株的细胞中。

蛋白质

氨

1　氨转化成氨

根瘤中的根瘤菌将空气中的氮转化成氨，然后再传送到整个植株中。

氨通过植株输送

空气中的氮

氨

根瘤

根瘤中细菌吸收的氮

大　豆

在豆类以及一般的植物性食品中，大豆以其提供蛋白质的完整性而非同寻常。几千年来，豆制品都是东方人的重要食物，现在它也被西方的一些人所接受。

毛豆

未成熟的大豆被称为"毛豆"，它的流行使大豆在世界范围内流行起来。豆浆、豆腐和酱油都是用成熟的豆子制成的。

嫩大豆
（毛豆）

成熟的大豆

成熟的大豆是棕黄色的

豆浆和豆腐

虽然大豆富含营养丰富的蛋白质和油脂，但成熟的大豆在加工之前是不受欢迎的。在东亚，人们发明了各种提取蛋白质和油脂的方法，让它们变得美味可口。一种方法是通过研磨和加热大豆来制作豆浆。豆浆本身是一种有益的产品，将它进一步凝结后可以制作一种大豆奶酪——豆腐。

大豆中的植物激素会使男性出现乳房吗？

一些健美运动员服用大豆蛋白来帮助肌肉生长。男性健美运动员可能因为有关大豆中植物雌激素会使他们变得女性化的传闻而避免服用大豆。其实，大豆中植物雌激素含量水平太低，不会产生这样的效果。

5 挤压
打破凝乳，使其排出水分，然后趁热将其切块。

包裹在布中挤压

4 凝结
豆浆利用盐来凝乳，盐可以使溶解的蛋白质和油滴结合并凝结。

豆腐凝固

凝结作用的盐类加入豆浆中，使其凝固

3 过滤
滤掉包含豆壳和纤维的豆渣，留下豆浆。

豆浆机

2 煮熟
将糨糊状混合物煮熟，使酶失活，否则酶会将油脂分解为刺鼻的香味分子。

加热器

1 浸泡、搅拌
大豆浸泡至软，捣碎成浆，释放蛋白质和油滴。

搅拌机

豆浆通过过滤器滤出

在日本，豆浆在煮后过滤；而在中国，豆浆在煮前过滤

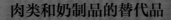

肉类和奶制品的替代品

　　大豆的蛋白质含量是其他豆类的两倍，氨基酸的平衡含量也近乎完美。豆浆加钙之后可以替代牛奶，其他的大豆产品可以作为肉类替代品，包括豆腐和有质感的植物蛋白（见第76~77页）。

36%

高质量的蛋白质，有足够的氨基酸

64%

碳水化合物、纤维、矿物质、油和水

豆浆中的蛋白质非常完全——它提供了人体必需的所有9种氨基酸。

1 煮
与豆浆一样，将豆子浸泡并煮熟，以防止植物酶产生豆腥味。

蒸锅

2 接种
在日本的酱油里，豆子和煮熟的谷物利用曲霉菌的孢子接种，进行第一次发酵。

生长的真菌

控制温度和湿度

豆壳被霉菌覆盖

3 发酵
将豆子浸泡在盐水中杀死霉菌，但保留酶的活性。这些酶有助于细菌和酵母菌进行第二次发酵。

卤水（盐和水）淹没豆子、霉菌、酵母和细菌的混合物

发酵罐

4 挤压
大约6个月后，这种混合物被包裹在布中挤压，挤出粗酱油。

包裹在布中挤压

5 装瓶
酱油在装瓶之前经过巴氏杀菌和过滤处理。

瓶子

酱油

　　大豆发酵后得到酱油，它含有大量的大豆精华，包括10倍于红酒的抗氧化剂（见第170~171页）。许多现代酱油都是用化学方法产生的，跳过了大多数的发酵步骤，所以它们缺少传统酱油中的益生菌。酱油生产过程中需要加入盐，这样可以防止有害细菌的生长。一些酱油含有14%~18%的盐，因此它们在低盐饮食中必须要加以限制（见第212~213页）。

土　豆

早在7000年前，土豆就作为南美洲的一种粮食作物种植。土豆在16世纪被带到欧洲，从此成为世界上最受欢迎的蔬菜，也是食物热量的重要来源。

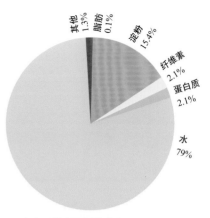

生土豆的主要营养成分
除了水，土豆的主要成分是淀粉。它们还含有一些纤维、蛋白质和植物化学物质（见第110～111页），但几乎不含脂肪。

土豆里含有什么？

土豆以淀粉含量高而著称，其中很大一部分是以支链淀粉的形式存在的（见第90页）。支链淀粉很容易消化，所以土豆的血糖指数很高（见第91页）。土豆富含维生素C、抗氧化剂、维生素B_6和钾，这些营养物质和纤维大部分都在土豆皮上。

烹饪的影响

不同的烹饪方法会影响营养物质的相对含量，主要是通过增加或减少水分或添加其他成分来实现，如在煎炸过程中会增加额外的脂肪。煮沸可以使土豆细胞中的淀粉颗粒吸收水分。在粉土豆中，煮沸使细胞分离，形成一种精细、干燥的质地，而在脆土豆中，细胞会粘在一起，形成致密、湿润的产品。

熟土豆的主要营养成分
在煮土豆和烤土豆中，主要营养成分的相对含量非常相似，但在薯条和薯片中却截然不同。这是因为油炸使土豆吸收脂肪，同时大大减少了水分。

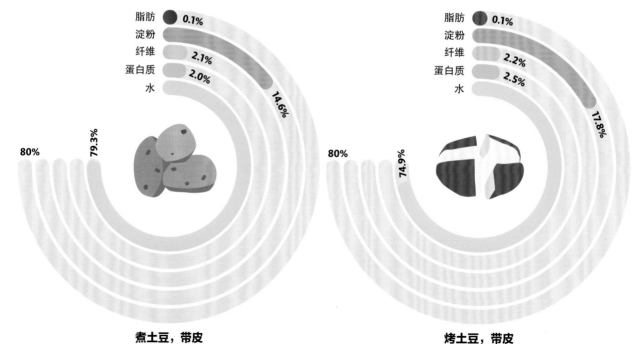

土豆的用途

土豆是一种具有多用途的蔬菜。在烹饪中，粉土豆（包括King Edwards土豆、Maris Pipers土豆、russets土豆）都适合烧烤、煎炸、烘烤和捣碎，而脆土豆（如Charlottes土豆、Maris Peers土豆和fingerlings土豆）则更适合做炖锅、火锅、沙拉和脆皮。因为土豆比较廉价，土豆淀粉也被广泛用于各种加工食品中，例如，在一些蛋糕混合物、饼干，甚至是冰激凌中，土豆淀粉有助于将各种原料结合在一起。

炖肉和酱料　　饼干　　　冰激凌　　蛋糕混合物　　土豆小吃

多用途的淀粉
土豆淀粉在各种各样的食物中都能找到，而且很幸运的是，土豆似乎是最不容易引起过敏的食物之一。

在1995年的航天飞机实验中，土豆是第一种在太空中生长的蔬菜。

番薯

番薯，经常与甘薯混淆，起源于南美，但现在在许多国家都很受欢迎。番薯中独特的甜味归功于一种酶，这种酶能将淀粉分解成麦芽糖，一种比蔗糖更甜的糖。番薯还含有大量的胡萝卜素（在体内可以转化为维生素A）、矿物质和植物雌激素。

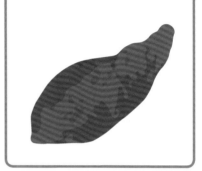

由于含水量较低，薯条中纤维的比例高于烤土豆或煮土豆

水含量减少，导致其他成分比例增加

因为水分含量低，脂肪吸收量更大，它的脂肪含量比薯条高

水的含量大大减少，导致其他成分比例增加

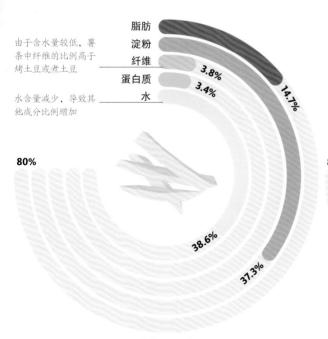

	脂肪	14.7%
	淀粉	
	纤维	3.8%
	蛋白质	3.4%
	水	

80%

38.6%

37.3%

薯条，去皮

	脂肪	
	淀粉	4.8%
	纤维	
	蛋白质	7%
	水	1.9%

80%

34.6%

47.9%

薯片，去皮

水果与蔬菜

水果和蔬菜富含维生素、矿物质、纤维和植物化学物质，脂肪和热量含量低，它们是健康均衡饮食的重要组成部分。

每天五次

在许多发达国家，水果和蔬菜的人均摄入量相对较少，但研究表明，富含水果和蔬菜的饮食可以降低一些严重健康问题的风险，比如大肠癌、心脏病和中风。正因为如此，世界卫生组织（WHO）建议每天至少食用400克的水果和蔬菜。根据这项建议，许多卫生部门制定了膳食指南，通常是"每天5次"，这意味着每天至少要吃5份80克的水果和蔬菜。

包括什么食物？

除了淀粉类蔬菜，比如土豆、白薯和木薯，每天可以吃五次其他任何水果和蔬菜。豌豆和干豆也是，但不管吃多少，只能算一份。果汁和思暮雪也可以包括在内，尽管一些权威人士说果汁和思暮雪含糖量高，应该受到限制。

红色水果和蔬菜
红色水果和蔬菜含有类胡萝卜素。它可能会降低某些癌症的风险，尽管人类的试验结果喜忧参半。

红色水果和蔬菜

紫生菜

每日吃五次蔬果食物
每天应该吃五次的水果和蔬菜，豌豆和干豆也很重要，单份果汁和思暮雪也是如此。

紫色水果和蔬菜

紫色水果和蔬菜
水果和蔬菜呈紫色是由于花青素抗氧化剂的作用。一些紫色的水果和蔬菜，如紫莴苣和甜菜根，硝酸盐含量很高，有助于降低血压。

新鲜的水果和蔬菜

罐装水果和蔬菜

煮熟的水果和蔬菜

冷冻水果和蔬菜

豌豆和干豆

干果

不加糖的纯果汁

无糖思暮雪

"吃彩虹"

不同颜色的水果和蔬菜表明它们含有不同的植物化学物质（见第110～111页）。这些化学物质许多是天然抗氧化剂，也有一些被认为可以预防疾病。虽然没有强大的科学证据支持"吃彩虹"是特别有益的，但这样会食用各种各样的水果和蔬菜，可以确保摄入必要的营养物质，如维生素和矿物质，还有助于实现每天吃五次水果和蔬菜。

黄色和橙色的水果和蔬菜

黄色或橙色的水果和蔬菜含有大量的 β -胡萝卜素。β -胡萝卜素本身并不是一种基本的营养物质，但它可以转化为维生素A。胡萝卜、葡萄柚、甜玉米、南瓜、番薯和甜椒都富含 β -胡萝卜素。

胡萝卜

橙色水果和蔬菜

黄色水果和蔬菜

甜玉米

香蕉

**我可以只吃最喜欢的
水果或蔬菜吗？**

不可以。吃各种各样的水果和蔬菜很重要，因为不同的水果和蔬菜含有不同种类的有益营养物质。

植物雌激素

植物雌激素是由植物产生的，它们可以作为激素在我们体内发挥作用，特别是作为雌性激素。水果和蔬菜中的植物雌激素在维持绝经期及之后的妇女健康方面起着重要作用。研究表明，吃大量水果或遵循地中海饮食的女性很少出现潮热和盗汗。

绿色水果和蔬菜

水果和蔬菜呈绿色是由于含有叶绿素，许多绿色的水果和蔬菜也含有营养成分。例如，花椰菜和甘蓝含有叶黄素和玉米黄质，它们是有助于眼睛健康的植物化学物质。

绿色水果和蔬菜

超级食品

"超级食品"没有明确的定义，但通常指的是富含有益营养物质、含有少量甚至不含不健康物质的食物，它们有助于改善健康、对抗疾病。

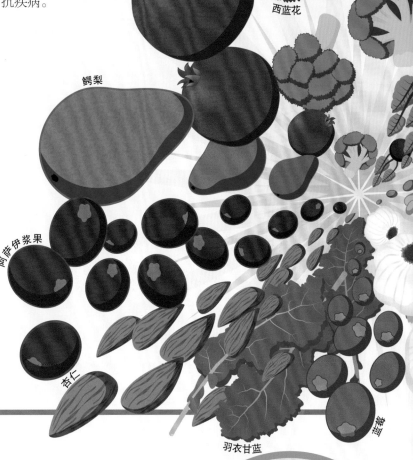

石榴

西蓝花

鳄梨

阿萨伊浆果

杏仁

羽衣甘蓝

蓝莓

各种各样的超级食品

超级食品是一种功能性食品，据说它们具有高含量的促进健康的营养物质，很少有饮食上的缺点。然而，这个词更多的是在营销宣传和食物流行方面，而不是实实在在的科学用语。在实践中，大量的新鲜食物可以被称为超级食品，还有一些营养物质特别丰富的食物也是超级食品，如甘蓝、贝类和鳄梨。

受欢迎的食物
最引人注目的食物通常都声称是超级食品，包括一些真正的超级食品，比如鳄梨和杏仁，还有一些未经证实的食物，比如枸杞和奇亚籽。

蓝莓

蓝莓是第一种被称为超级食品的食物，它是北美地区的一种蓝色小水果，富含维生素C、维生素K、纤维、矿物质锰和花青素抗氧化剂（见第110~111页）。一些小规模的研究表明，蓝莓可能会降低患心血管疾病的风险，提高精神功能，但没有确凿的证据或大规模的研究支持这些或其他更极端的健康主张。

蓝莓消费量
"超级食品"标签导致美国蓝莓消费量的急剧增长，20年来增长了5倍。

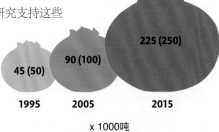

45 (50) 1995
90 (100) 2005
225 (250) 2015

x 1000吨

功能性食品是什么？

据说功能性食品能产生超出其基本营养价值的健康益处。这个词也可以用来指那些通过添加更多的营养成分而获得额外益处的食物。

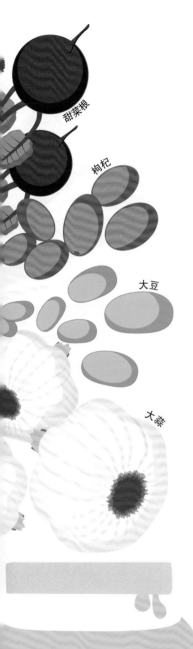

超级食物	声明功效
藜麦	蛋白质含量高且含有全部必需的氨基酸；不含谷蛋白
西蓝花	富含维生素（特别是维生素C）和抗氧化剂；降低胆固醇（有限支持证据）、预防某些癌症（未经证实）
羽衣甘蓝	高铁和钙、富含维生素C和K；高叶酸；有助于预防或减缓与年龄有关的视力问题
甜菜根	降低血压（一些证据表明它可能有很小的效果）；防止老年痴呆症（未经证实）
大蒜	降低血压（有限支持证据）；降低胆固醇（没错，只是减少少量）；预防某些癌症（有限支持证据）
鳄梨	含有对心脏有益的单不饱和脂肪；纤维有助于调节血糖；含有维生素K、维生素E、维生素C、B族维生素和钾
阿萨伊浆果	富含抗氧化剂；可能具有抗癌和抗炎特性（未经证实）
蓝莓	富含抗氧化剂和维生素C
枸杞	富含抗氧化剂；维生素C比橘子更多（不真实）；延长寿命、提高视力和生育能力、延缓衰老（所有未经证实的）
石榴	据说可以降低血压、增强骨骼（两者都未经证实，但部分试验证实了对血压的影响）
杏仁	含有对心脏有益的不饱和脂肪；高纤维；富含抗氧化剂；富含B族维生素和维生素E；富含矿物质
苋属植物	高蛋白；无谷蛋白；矿物质含量比蔬菜高
奇亚籽	有助于减肥（未经证实）；富含可溶性纤维和蛋白质；富含ω-3脂肪酸
亚麻籽	富含ω-3脂肪酸；富含可溶性纤维
绿茶	提高代谢率（不真实）；降低胆固醇（有限支持证据）；降低血压（一些证据表明它可能有很小的效果）；降低某些癌症的风险（未经证实）
麦草	减少肠道炎症（未经证实）；促进红细胞数量（未经证实）

麦卢卡蜂蜜

所有的蜂蜜都有抗菌性能，但由麦卢卡花蜜喂养的蜜蜂所产的蜂蜜被证明具有独特的抗菌能力，而且是针对多种病原体的。无菌的药用蜂蜜甚至已经在伤口凝胶中使用。

植物化学物质

天然的植物化学物质不仅仅是目前的时尚，它已经为水果、蔬菜和其他植物源食物的健康益处和营养价值打开了一扇新的窗户。

植物化学物质是什么？

从技术上讲，植物化学物质是植物产生的任何化学物质，植物营养素是特定种类的植物化学物质，具有营养价值。然而，在食品科学中，这两种术语经常用来指同样的东西——那些非即刻需要但对健康具有长期益处的微量植物化学物质。有些食物含有大量有益的植物化学物质，可以利用它们来改善健康。

番茄能预防癌症吗？

番茄富含番茄红素，它对前列腺癌具有有益的影响，但这种影响缺乏确切的科学证据。

主要的植物化学物质

植物化学物质可以根据它们的化学类型进行分类。一些初步的研究报告显示它们对健康有益，但到目前为止，很少有科学证据支持这种说法。

	萜类化合物	有机硫化物	皂苷	类胡萝卜素	多酚类物质
例子	苧烯、鼠尾草酚、蒎烯、月桂烯、薄荷醇	大蒜素、萝卜硫素、谷胱甘肽、异硫氰酸盐	β-谷甾醇、薯蓣皂苷元、人参皂苷	α和β-胡萝卜素、β-隐黄素、番茄红素、叶黄素、玉米黄质	酚酸、芪类化合物（如白藜芦醇）、木质素、黄酮类（如儿茶素、花青素、槲皮素、染料木素、黄豆苷、甘氨酸）、单宁酸
健康声明	可能有防腐、抗菌、抗氧化、抗炎和抗癌的特性	可能具有抗氧化、抗癌及抗菌性能；这些化合物中的硫在蛋白质合成和酶反应中起关键作用	模拟人体的类固醇和荷尔蒙；可能降低胆固醇水平；可能提高免疫力；可能具有抗菌和抗真菌的特性	可能抑制癌细胞生长，可能增强免疫系统反应，可能有抗氧化性能，有些类胡萝卜素有助于保护眼睛健康（见第115页）	可能抑制炎症和肿瘤生长；可能降低患哮喘和冠心病的风险；一些具有抗氧化性能；有些是植物雌激素（见第107页），可能会减少更年期症状，比如潮热；有些可能降低绝经后的妇女患某些癌症的风险
食物来源	柑橘皮、樱桃、啤酒花、绿色草本植物（如薄荷、迷迭香、月桂树、牛至、鼠尾草）	绿叶蔬菜、大蒜、洋葱、辣根、白菜	山药、藜麦、葫芦巴、人参、大豆、豌豆	红色、橙色、黄色和绿色的水果和蔬菜	苹果、柑橘类、浆果、葡萄、甜菜、洋葱、全谷类、核桃、豆制品、青豆、绿豆、葛根、鹰嘴豆、咖啡、茶

抗氧化效果

　　自然的身体过程和外部因素都可以在细胞内产生自由基（原子或分子丢失一个电子）。自由基都是高反应活性的，会引起细胞损伤。通常情况下，身体产生的抗氧化剂能提供多余的电子，用来中和自由基。但有时体内会有太多的自由基，在这种情况下，饮食中的抗氧化剂可能会有所帮助。

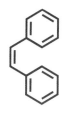

有大约**4000**种不同的植物化学物质。

3　抗氧化作用
　　抗氧化剂有大量的备用电子，它们可以用来中和细胞内的自由基。

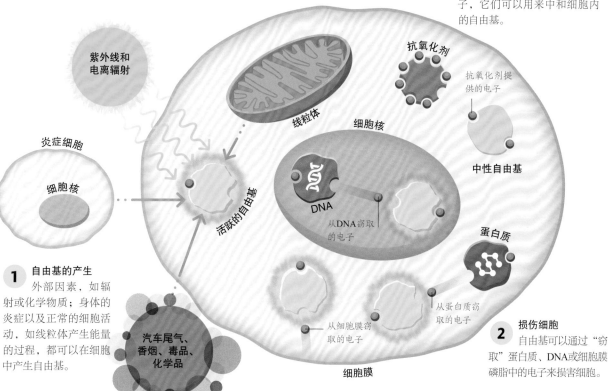

紫外线和电离辐射

炎症细胞

细胞核

线粒体

细胞核

抗氧化剂

抗氧化剂提供的电子

中性自由基

DNA

从DNA窃取的电子

活跃的自由基

蛋白质

从蛋白质窃取的电子

1　自由基的产生
　　外部因素，如辐射或化学物质；身体的炎症以及正常的细胞活动，如线粒体产生能量的过程，都可以在细胞中产生自由基。

汽车尾气、香烟、毒品、化学品

从细胞膜窃取的电子

细胞膜

2　损伤细胞
　　自由基可以通过"窃取"蛋白质、DNA或细胞膜磷脂中的电子来损害细胞。

生物碱

　　生物碱是许多植物产生的、多种不同类型的植物化学物质，可以用来抵御疾病和害虫。有些生物碱是植物源食品中的活性成分，比如咖啡豆（它们主要产生苦味），有些是药用的，比如吗啡，还有某些生物碱是有毒的，如土的宁。

咖啡豆

辣椒

生物碱的来源
许多植物源食物含有生物碱，如咖啡豆和辣椒。前者含有咖啡因，后者含有辣椒素，用来产生辣味。

吃皮

　　植物通常在其外部产生大部分的抗氧化剂，例如水果的表皮和绿叶蔬菜的外皮，因此这些都是最好的食用部分，可以摄取充足的抗氧化剂。

促进光合作用
阳光中的光子可以进行光合作用，但同样也会破坏DNA或其他生物分子。植物产生并利用保护性的抗氧化剂来克服这种损害。

阳光中的光子照射在叶子表面

植物化学物质，如生物碱和类胡萝卜素，形成保护性的"盾牌"，吸收紫外线辐射

植物化学物质

DNA

2 **自由基产生**
活跃的自由基会触发化学反应，并通过"窃取"电子来破坏诸如DNA这样的敏感分子。自由基对DNA和其他部分细胞的破坏会导致细胞功能失常和死亡。

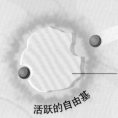

活跃的自由基

高能量的自由基从DNA中"窃取"电子

叶绿素

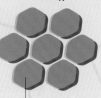

1 **光合作用**
在光合作用过程中，叶绿素吸收了来自太阳的紫外线，为植物提供能量。氧气和自由基是光合作用的副产品。

叶绿素在绿色植物中很丰富，并赋予它们绿色

菠菜能让你强壮吗？

菠菜富含硝酸盐，它在体内代谢时，可以使肌肉细胞更高效，或者说，菠菜可以让你更强壮（但也需要锻炼！）。

绿叶蔬菜

叶子的颜色越深，它就含有越多的植物化学物质，更不用说许多必需的维生素和矿物质。绿叶蔬菜几乎不含热量，富含纤维，这使得它们成为一类不可否认的超级食物。从菠菜到卷羽衣甘蓝，它们都是绿叶蔬菜，但它们强烈而独特的味道可能并不被所有人喜欢。

叶子的香气

当叶子被切开或压碎时，酶会从细胞内释放出来。这些酶会分解叶绿体膜中的长链脂肪酸，释放己醇和己醛（叶醇）。这些小分子会散发出青草香气。

切碎的叶子释放出叶醇

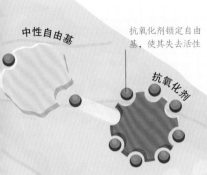

中性自由基

抗氧化剂锁定自由基，使其失去活性

抗氧化剂

3　抗氧化剂保护作用
叶子细胞中含有高水平的抗氧化剂，用以中和自由基。

植物中的铁

绿叶蔬菜富含铁，它们的铁含量可能比牛肉高，但大都是非血红素铁，它比动物肉中的血红素铁要难吸收。因此，素食者和严格素食者的铁摄入量要比肉食者多，建议是1.8倍。然而，在饮食中添加维生素C可使非血红素铁吸收增加6倍，饮食中避免钙和单宁（在茶和咖啡存在）摄入也有助于吸收非血红素铁。

绿叶蔬菜的优点

绿叶蔬菜热量低，因为植物不使用叶子储存淀粉或糖，仅仅是制造它们。绿叶蔬菜中纤维很丰富，用来支持叶片的伸展和重量；它们还富含微量元素，用来对抗阳光暴晒和氧气产生过程中所造成的生物"压力"。暴露在阳光下的植物部分含有最多的有益植物化学物质，包括类胡萝卜素和有机硫化物（见第110～111页）。

非血红素铁

非血红素铁
在所有的饮食中，大部分的铁是非血红素铁。然而，只有一小部分的非血红素铁可以被身体使用，所以需要摄入更大的数量（例如，素食者）。

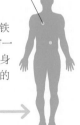

只有10%的非血红素铁被吸收

菠菜

一份1700卡路里的牛排与100卡路里的菠菜的铁含量相同。

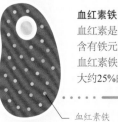

血红素铁

血红素铁
血红素是血液和肌肉中发现的含有铁元素的蛋白质，它比非血红素铁更容易被身体使用。大约25%的血红素铁被吸收。

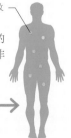

更多的血红素铁被吸收

牛排

芸薹属植物

　　卷心菜家族多种多样的成员都是通过丰富的营养物质联系在一起的。它们提供了大量的健康维生素、矿物质和植物营养素，但也有一些会引起消费者的强烈反应。

它们含有什么？

　　芸薹属植物淀粉和糖含量低，富含其他营养物质，特别是维生素。它们还富含植物化学物质，这些物质被认为有益于健康。芸薹属植物有一些独特的味道或一些令人不快的气味，这大多与它们的硫化合物含量很高有关，硫化物可以构成植物的化学防御系统。如果植物叶子被吃掉或破坏，酶会作用于这些硫化合物，产生苦味。

球芽甘蓝是植物的可食芽孢

球芽甘蓝

为什么冷冻之后豆芽味道会更好？

冷冻会刺激豆芽，使它将一些储存的淀粉转化为糖来提高能量，使它们变得更甜。

卷心菜

整个植物都是可食用的，而不仅仅是球茎

芸薹属植物家族树
芸薹属植物又被称为十字花科蔬菜（根据它们的十字形小花命名），不同的芸薹属植物都是从两种野生芥菜而来，一种来自地中海，另一种来自中亚。

野生芥菜

大头菜

甘蓝叶和茎是可以食用的

菜花

这种植物开花的头可以食用

西蓝花

嫩圆白菜

羽衣甘蓝

抗癌症

除了铁、钙、钾、维生素C、维生素K和维生素A这些促进健康的营养物质，芸薹属植物还富含植物化学物质，如类胡萝卜素、多酚、异硫氰酸酯和吲哚。异硫氰酸酯和吲哚不仅可以作为抗炎药，还可以通过引发细胞凋亡来对抗癌症，这一过程类似于细胞自杀。癌细胞通常不会注意到细胞死亡的信号，所以引发细胞凋亡可以破坏肿瘤。

通过对几项研究的回顾，几乎没有证据表明芸薹属植物与患乳腺癌风险之间存在联系

不同的结果，但有证据表明通过芸薹属植物患肺癌的风险降低了，尤其是女性

胸部　　**肺**

一些小型研究的证据表明患癌症的风险降低

一项荷兰的研究发现，芸薹属植物有助于减少女性患结肠癌的风险

前列腺

结直肠

抗癌活性
科学家们对芸薹属植物中的植物化学物质很感兴趣，并推测它们可能会对肺癌、前列腺癌、乳腺癌、结肠癌和直肠的癌症有抵抗作用。

生物利用度

一种食物可能富含营养物质，但它们中有多少能真正进入血液？营养物质被获取的程度称为生物利用度，它可以被其他物质加强。例如，在维生素C的存在下，从芸薹属植物中摄入铁的量会增加，而在绿色蔬菜中添加少量脂肪或油脂有助于身体吸收更多的脂溶性维生素A、维生素D、维生素E和维生素K。

沙拉调料油可以提高生物利用度

眼睛健康

眼睛容易受到感染和干燥的损害，但也特别容易受到光的伤害，尤其是高能紫外线，它会将电子从原子中撞击出来，从而产生有害的自由基（见第111页）。这些自由基反过来会导致细胞和DNA损伤，增加与年龄相关的黄斑变异和白内障的风险。在芸薹属植物中发现的某些类胡萝卜素是抗氧化剂，可能会减缓黄斑变异，并有助于降低白内障的发病率。

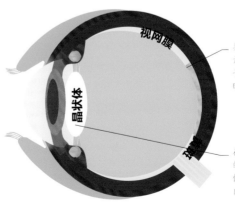

视网膜

类胡萝卜素，如叶黄素和玉米黄质，集中于黄斑，可以保护眼睛健康

晶状体

在芸薹属植物中发现的抗氧化剂可以通过保护晶状体来防止白内障

大约30%的人无法尝出芸薹属植物的苦味。

保护视力
黄斑是视网膜中最敏锐的视觉部分，也是类胡萝卜素集中的地方，使它呈现出明显的黄色。

根茎类蔬菜

作为自然的仓库，根茎类蔬菜对于世界上许多人来说都是最容易获得的热量来源。尽管许多是平淡无味的，甚至有些是有毒的，根茎类蔬菜也可以提供矿物质和其他有价值的营养物质。

根茎类蔬菜的类型

我们所说的根茎类蔬菜是植物的地下可食用部分，但并不是所有的都是根，因为有许多是茎。这些蔬菜已经进化或培育成能量储存组织，成为植物储存糖、淀粉、其他碳水化合物和营养物质的一种形式。根茎类蔬菜可以分为三大类：块茎蔬菜、直根蔬菜和球茎蔬菜。直根蔬菜是真正的根，它们包括胡萝卜、甜菜根、块根芹、萝卜、欧洲萝卜、芜菁、瑞典甘蓝和水萝卜。球茎蔬菜是变态茎，主要包括大蒜、洋葱、韭菜和红葱。块茎蔬菜也是变态茎，主要包括土豆、红薯、山药、木薯和洋姜。

直根蔬菜

直根蔬菜是真正的根，有助于吸收土壤中的水分和营养物质。直根是种子发芽时生长的第一个根。胡萝卜和欧洲萝卜类似，均含有相对较少的淀粉和高含量的糖。

胚根

胚根

皮质

表皮

贮藏根

直根

有毒的块茎

木薯（也叫树薯）是许多发展中国家的主要食物，但它们含有有毒的氰化物，主要在果皮和皮质层，这就是为什么木薯在加工或食用前要剥皮的原因。甜的木薯通常含有较低的氰化物；苦味的木薯含有更多的氰化物，必须经过处理才能去除，通常是浸泡在水中。

毒素

浸泡在水里的木薯

胡萝卜能帮你在黑暗中看清东西吗？

胡萝卜富含 β–胡萝卜素，它可以转化成维生素A，对眼睛健康至关重要。如果饮食中的这些营养成分已经足够，吃得再多也不能改善视力。

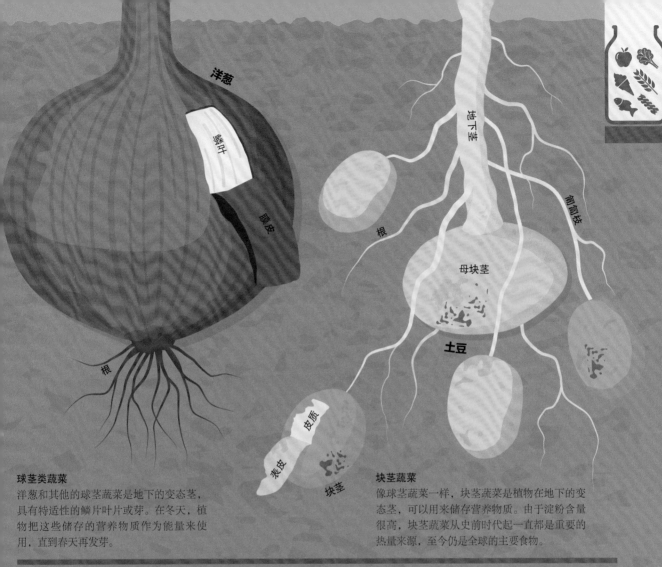

洋葱

鳞叶

膜皮

根

地下茎

根

母块茎

匍匐枝

土豆

表皮

皮质

块茎

球茎类蔬菜

洋葱和其他的球茎蔬菜是地下的变态茎，具有特适性的鳞片叶片或芽。在冬天，植物把这些储存的营养物质作为能量来使用，直到春天再发芽。

块茎蔬菜

像球茎蔬菜一样，块茎蔬菜是植物在地下的变态茎，可以用来储存营养物质。由于淀粉含量很高，块茎蔬菜从史前时代起一直都是重要的热量来源，至今仍是全球的主要食物。

高纤维、高淀粉

　　根茎类蔬菜经常被不公平地忽视为"超级食物"。事实上，大多数根茎蔬菜都富含纤维、矿物质和维生素。即使碳水化合物含量很高，它们也往往是"缓释"型，血糖指数和热量相对较低（见第91页）。甘薯就是一个很好的例子。不要和红薯混淆了，真正的甘薯是产自非洲的，在亚洲的烹饪中被广泛使用。它们主要由复合碳水化合物和可溶性膳食纤维组成。

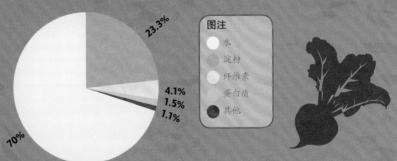

23.3%

4.1%
1.5%
1.1%

70%

图注
- 水
- 淀粉
- 纤维素
- 蛋白质
- 其他

甘薯中的营养
甘薯含有70%的水分，但其余大部分是碳水化合物，包括23.3%的淀粉和4.1%的纤维。它们还富含B族维生素和维生素C，并富含矿物质，如铜、钙、钾、铁、锰和磷。

甜菜根上的甜菜红素经常被用作食用色素。

洋葱家族

洋葱家族成员富含有力促进健康的植物化学物质，它们可怕的化学防御使之成为某些辛辣味道菜肴珍贵的辅料。

洋葱同属植物

洋葱和它们的同属植物都是可食用的葱属植物，它们的能量储存在肿胀的叶子底部或鳞片上。重要的是，它们的能量存储物质不是淀粉，而是长链果糖，比如菊粉，它在长时间的慢煮时可以分解，从而产生甜的味道。

食用葱属植物
洋葱家族的成员，从大蒜到韭葱，在世界范围内都很受欢迎。

小洋葱是在洋葱长出大的球茎之前收获的

洋葱的球茎不是根，而是一团增大、肿胀的叶子

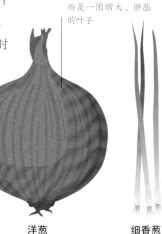

| 大蒜 | 红葱 | 洋葱 | 细香葱 | 小洋葱 | 韭葱 |

大蒜的好处

像所有洋葱家族成员一样，大蒜也可以产生硫化合物，旨在刺激和避开食草动物，但也能有益于人类健康。防御性的硫化物主要是抗氧化剂大蒜素等。与洋葱类似，这种防御性化学物质是由细胞受损释放的酶产生的。因此，为了获得大蒜的全部营养物质，最好先把它压碎，让酶作用一会后再烹饪。

扩张血管
大蒜已经被证明可以舒缓外周血管，产生一种"变暖"的作用，促进血液循环，改善指甲健康。

减少"坏"胆固醇
大蒜素能保护"坏"胆固醇不被氧化（氧化会增加动脉阻塞的风险），它还能帮助身体更快地排出"坏"胆固醇。

降低血压
因为大蒜能舒缓较小的血管，它能降低血压，而且确实有证据表明它的作用虽小但很重要。

对抗感冒
传统上，大蒜作为感冒的一种治疗方法，确实具有抗病毒的特性，但需要更多的研究来确证大蒜的确起了作用。

降低血液黏度
大蒜中的硫化合物有助于减小血液中血小板的黏性，降低了不必要的血液凝块和随后血管堵塞的风险。

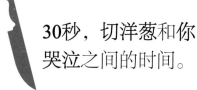

30秒，切洋葱和你哭泣之间的时间。

为什么洋葱会让我们流泪?

洋葱在被破坏时会释放化学物质。和大蒜一样，它们的化学反应从蒜素开始，最终会产生一种"催泪"因子，刺激眼睛流泪。如果要避免流泪，可以尝试在切洋葱之前将其降温，或者使用一把锋利的刀来减少细胞损伤。

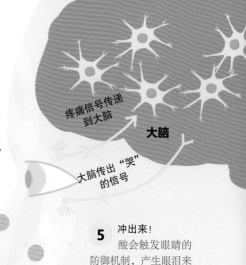

4 洋葱的化学物质在眼睛里形成酸
催泪因子在空气中迅速扩散，最终达到眼睛，并溶解在眼睛周围的一层液体中，其中一些物质会形成硫酸，刺痛眼睛。

疼痛信号传递到大脑

大脑

大脑传出"哭"的信号

5 冲出来!
酸会触发眼睛的防御机制，产生眼泪来冲洗刺激物。

眼泪用来冲洗酸

刺激性化学物质刺激嘴和鼻子

未损坏的细胞

蒜氨酸酶被包裹在细胞内的液泡中

酶

前级分子（蒜氨酸）等待被激活

酶　　蒜氨酸

更多的酶等待参与反应

1 未损坏的洋葱
洋葱富含无味的前级化学物质，如蒜氨酸和丙烯基半胱氨酸亚砜。洋葱细胞还含有酶，可以将这些化学物质转化为刺激性的挥发物，但是这些酶被包裹在细胞的液泡中。

催泪因子挥发，形成气体

催泪因子

反应链中的第二种酶产生催泪因子

化学物质相互作用，产生其他刺激性化学物质

磺酸

破损的细胞

蒜氨酸

蒜氨酸酶将蒜氨酸转化为磺酸

酶

挥发性化学物质

3 酶产生挥发性化学物质
酶会进一步产生一种叫"催泪因子"的化学物质，它可以和其他挥发性化学物质一起挥发，让人产生眼泪。

2 细胞破坏引发链式反应
细胞破坏后打开了液泡，将蒜氨酸酶与蒜氨酸混合，损伤应激反应开始激活。

蔬菜水果

尽管它们在植物学上是水果，但从烹饪的角度来说，这些植物产品绝对是蔬菜，它们可以大量在烹饪中使用，并富含常量元素和微量元素。

水果还是蔬菜？

从植物学角度来说，水果是由花朵底部的卵巢形成的种子结构。许多蔬菜水果是甜的，符合水果的定义（见第122~123页），但有一些含有相对较少的糖，具有更丰富的非甜味口感，而且通常需要烹饪，这些又属于"蔬菜"的范畴。蔬菜水果包括富含植物化学物质的蔬菜，如富含β-胡萝卜素的橙色南瓜和笋瓜、富含辣椒素的辣椒（见第128~129页）和富含番茄红素的西红柿。

蔬菜水果种类
蔬菜水果主要有三大种类：茄科植物（包括番茄、茄子和辣椒），它们通常生长在藤蔓上面；南瓜和黄瓜科植物（包括西葫芦、小胡瓜和甜瓜类），它们生长在地上的藤蔓上；还有豆科植物（见第100~101页）。

鳄梨

采摘后成熟

番茄

茄子

最初以苦著称

黄瓜

与西瓜有关

南瓜

世界上最大的水果

笋瓜

高膳食纤维

番茄酱是怎么做的

　　基于海员和商人带到西方的中国咸鱼酱，再加上新英格兰人在美国本土推广种植了西红柿，番茄酱是将西红柿蒸煮成浆，然后与醋、香草、香料和甜味剂混合在一起制成的。尽管番茄酱的盐、糖和热量含量很高，但它也含有比生西红柿更多的番茄红素抗氧化剂。

准备和制浆

1 将新鲜的番茄洗净和切碎，然后煮熟灭菌。捣碎，将种子、表皮和茎从果汁和果浆中分离。

番茄挤压器

过滤和烹饪

2 过滤果汁和果浆，去除剩余的大颗粒，然后煮沸。添加甜味剂、醋、盐和香料等添加剂。

煮沸罐

去除空气和装瓶

3 煮熟的番茄酱经过过滤，使之更稠更顺滑。去除番茄酱中的空气，以防止变质，然后装瓶。

去除空气

装瓶

不寻常的鳄梨

　　鳄梨非常油腻，含有15% ~ 30%的油，糖和淀粉含量很低。"鳄梨"这个名称来自那瓦特尔语中的"睾丸树"，意思是"睾丸"。鳄梨可以很容易地做成鳄梨酱或其他菜肴。

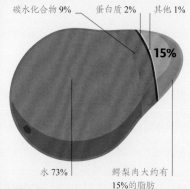

碳水化合物 9%　　蛋白质 2%　　其他 1%

15%

水 73%　　　　鳄梨肉大约有15%的脂肪

油性水果
鳄梨的热量很高（每只鳄梨最多可达400卡路里），它们富含的油脂大多是健康的单不饱和脂肪。鳄梨的钾含量也很高。

杀手水果

　　小胡瓜含有一种名为"葫芦苦素"的毒素。栽培品种的毒素含量较低，但观赏品种中毒素含量较高。这种毒素不会被烹饪破坏，中毒时有时会致命。

西葫芦

小胡瓜

小胡瓜

嫩时采摘，口感较甜

西葫芦

细嫩、松软的果肉

甜水果

甜水果为了吸引动物而不断进化，通过人类不断强化味道、香气、甜味和视觉吸引力，甜水果富含重要的抗氧化剂。甜水果种类繁多，世界上发现并种植的甜水果有成千上万种。

水果的种类

有几种被称为"蔬菜"的食物从技术上来讲是水果（见第120～121页），但从烹饪的角度来看，水果通常是通过高糖含量和可以生吃来区分的。水果的甜味赋予它们高的血糖负荷和热量，但这些可以通过它们丰富的纤维、维生素和植物化学物质来平衡，特别是集中在果皮上的色素和抗氧化剂。下面列出的这些简单水果是从一朵花的卵巢中生长出来的；但在一些聚合果中，如覆盆子，许多水果都是从一朵花中发育而来的；而像菠萝这样的杂交水果则是从许多花中生长出来的。

苹果籽有毒吗？

苹果籽确实含有一种可以降解为氰化物的化合物，但你需要食用超过100颗被碾碎的苹果籽，才能达到致命的剂量。

香蕉天然含有少量、无害的放射性钾元素。

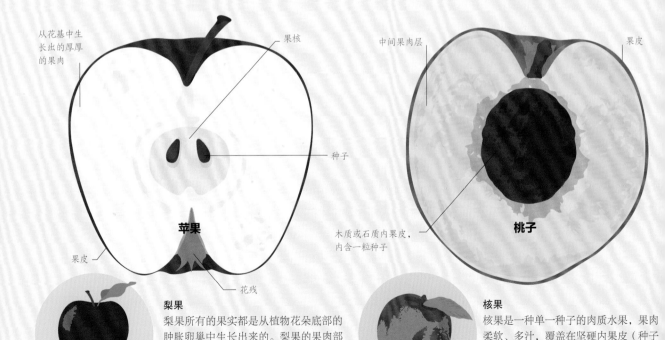

从花基中生长出的厚厚的果肉

果核

种子

果皮

花残

苹果

中间果肉层

果皮

木质或石质内果皮，内含一粒种子

桃子

梨果
梨果所有的果实都是从植物花朵底部的肿胀卵巢中生长出来的。梨果的果肉部分是花茎尖端的增大，在果实的底部可以看到花朵的残余。梨果包括苹果、梨和榅桲。

核果
核果是一种单一种子的肉质水果，果肉柔软、多汁，覆盖在坚硬内果皮（种子保护部分）外部。核果包括许多种类，如杏、李子、樱桃和杧果。椰枣、椰子和巴西莓等棕榈树果实也是核果。

水果是如何成熟的？

　　成熟是一个复杂的过程，涉及多种物质。它起始于水果释放的乙烯气体，乙烯会触发并促使水果释放酶。这些酶作用于水果中的各种天然化学物质，使其从坚硬、绿色和酸性状态转变为更柔软、更甜、更吸引人的食物。

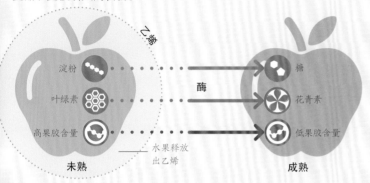

成熟的过程

在成熟过程中，水果产生的酶可以将淀粉转化为糖，将绿色叶绿素替换为花青素；它们还可以减少坚硬的果胶含量，使水果变得更柔软；减少酸的含量，使水果变得不那么酸。通过将大的有机分子分解成更小的挥发性有机分子，成熟的水果获得了独特的香味。

肉类嫩化剂

　　菠萝中的菠萝蛋白酶和木瓜中的木瓜蛋白酶可以将肉中的蛋白质分解成更小的多肽分子，使肉变嫩。

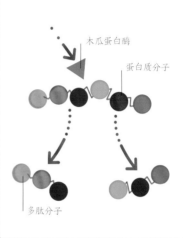

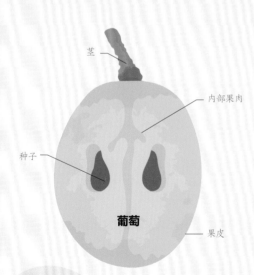

葡萄

浆果

真正的浆果是一类简单的水果，只有种子，没有内果皮。浆果包括葡萄、石榴（它们的种子可以被吃掉）和许多蔬菜水果。有一些水果我们通常称为浆果，但它们其实不是浆果，如覆盆子和草莓。从植物学角度来说，香蕉和猕猴桃都是浆果。

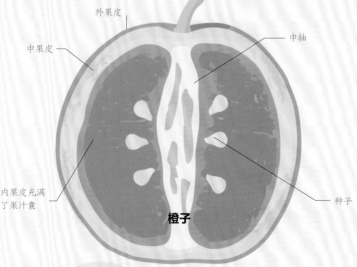

橙子

柑橘类水果

从植物学角度来说，柑橘类水果是真正的浆果，它们以厚果皮和高酸度著称。柑橘皮的维生素C含量高于果肉，且富含抗氧化剂。有点苦味的水果中果胶含量很高，有助于降低胆固醇。

蘑菇与真菌

蘑菇可能是最常见的一种独特的生物群——真菌。除了蘑菇，真菌还包括霉菌和酵母菌。真菌不仅仅是食物，它们对其他食物如面包、奶酪和酒精等也很重要。

用途广泛的食物

真菌既不是植物也不是动物，而是一类独立的生物群体。一些真菌，尤其是蘑菇，以死亡和腐烂的物质为食，然而它们却是饮食中的健康成分，也是蛋白质和微量营养素的可持续来源。有些真菌物种可能是剧毒的。真菌的近亲——酵母菌和霉菌，通常被用来加工食物，在一些加工过程中是必不可少的，如发酵过程（见第52~53页）。

真菌的用途

菌蛋白可以作为食物直接使用，也可以加工成其他肉类替代品。在蓝纹奶酪和一些软干酪的外皮中，真菌被用来制造点纹（见第88~89页）；日本调味料则依赖于真菌的发酵，以获得独特的口味。蘑菇也是素食者为数不多的维生素D来源之一。

真菌和酵母菌的用途

我们使用真菌和酵母菌来制作酱油。首先，真菌将大豆和小麦发酵，分解它们的蛋白质；然后酵母菌进行二次发酵，将蛋白质分解为氨基酸，增加风味。

肉类替代品

蓝纹奶酪

软奶酪

菌蛋白

真菌

调味料

酱油

真菌和酵母菌

仅在北美就有大约100种有毒蘑菇。

酵母菌

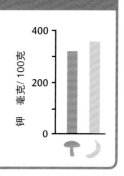

有毒的蘑菇

有毒和无毒的真菌可以看起来很相似，通常生长在一起。各种有毒的真菌产生多种毒素，统称为霉菌毒素，具体包括由霉菌产生的黄曲霉毒素、由蘑菇产生的鹅膏毒肽。有些蘑菇通常被称为迷幻蘑菇，会产生致幻剂。

致命的真菌
鉴别蘑菇是否能安全食用十分困难，只有在专家的监督指导下才能采摘野蘑菇。

钾的来源

蘑菇是很好的钾元素来源。例如，生的白色蘑菇的钾元素含量几乎和香蕉一样多，但糖含量仅为香蕉的1/4。

钾 毫克/100克

400

200

0

毒蝇伞

这种红头蘑菇含有几种毒素，还含有迷幻剂蝇蕈素。

秋盔孢伞

秋盔孢伞的鹅膏毒肽含量与死亡帽类似。

死亡帽（毒鹅膏菌）
死亡帽含有鹅膏毒肽，是导致蘑菇中毒的常见原因。

低毒性 ———————————————— 高毒性

褐鳞环柄菇

这种蘑菇与可食用的品种类似，但含有引起肝脏损伤的鹅膏毒肽。

毁灭天使（白毒鹅膏菌）

毁灭天使实际上有几个类似的物种，鹅膏毒肽含量与死亡帽相近。

黄曲霉毒素

黄曲霉菌通常在潮湿环境中的花生和谷物上生长，它可以产生黄曲霉毒素，威胁任何食用受污染的坚果或谷物的动物的健康。黄曲霉毒素对人类也极其危险，会导致肝脏损伤，并可能导致肝癌。

面包

酒精饮料

酵母菌的用途
我们使用酵母菌来制造饮料中使用的酒精和使面包蓬松的二氧化碳气体。酒精和二氧化碳均是酵母菌消耗淀粉和糖产生的副产物。

受污染的农作物 **存储不当** **动物食用**

健康

人类食用

食物链中的黄曲霉毒素
在农作物中，黄曲霉毒素可能因储存不当而增加，例如环境潮湿。这些毒素可能会通过饲料传给动物，甚至通过受感染的农作物或动物产品传递给人类。

坚果与种子

大多数坚果都是种子，所以坚果和种子在营养成分上有很多共同之处也就不足为奇了。坚果和种子都富含健康脂肪和重要的植物化学物质。

坚果和种子有什么区别？

种子是一种胚胎植物，通常被保护性的外壳包裹。种子可以是谷物（见第92～93页）、豆类、豌豆、花生（见第100～101页）或坚果。坚果通常是一种有坚硬外壳的可食用的种子。从植物学角度来讲，真正的坚果是一种有坚硬外壳的荚果，里面含有一粒种子，比如榛子。坚果也可以是核果的种子，在果实的外面有柔软的果肉。核果类坚果包括核桃、巴旦木等（见第122～123页）。

果实、坚果和种子
只有少量的坚果代表植物的全部果实，如栗子和夏威夷果。其余的坚果只是更大的植物的种子。松子是特殊的坚果，因为它们是球果生长，而不是结果的植物产生的。小米可以被归类为谷物，而不是种子。

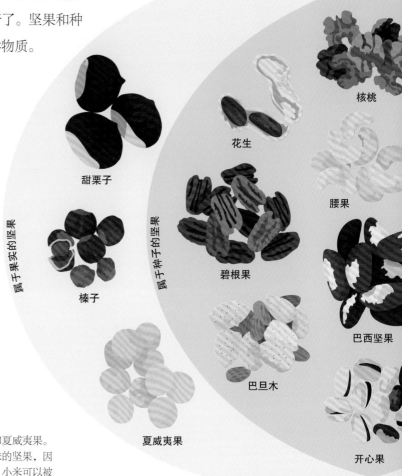

坚果

核桃

花生

腰果

甜栗子

属于果实的坚果

属于干种子的坚果

碧根果

榛子

巴西坚果

巴旦木

夏威夷果

开心果

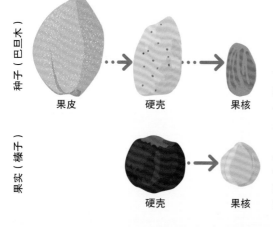

种子（巴旦木）

果皮 → 硬壳 → 果核

果实（榛子）

硬壳 → 果核

两种类型的坚果
有些属于种子的坚果，它们可食用的果核外围有一层果壳，果壳又被一层果肉和果皮包裹。巴旦木的果肉与桃子和樱桃类似，但不能食用。对于属于果实的坚果，它们没有外部的肉壳。

我怎么知道坚果已经变质了？

坚果由于脂肪含量高，很容易变质。坚果的内部应该是不透明的或灰白色，变黑或半透明说明坚果已经过了最佳食用时期。

种子

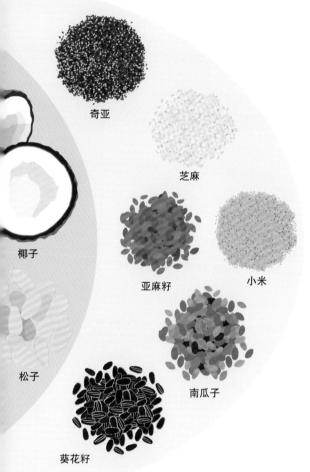

奇亚

芝麻

椰子

亚麻籽

小米

松子

南瓜子

葵花籽

木脂素

木脂素是一种植物化学物质，主要存在于亚麻籽和芝麻中，可能对健康有好处。饮食中摄入富含木脂素的食物有益于健康，而且有限的证据表明，木脂素能降低心血管疾病和骨质疏松症的风险，预防乳腺癌、子宫和卵巢癌。它对患前列腺癌的风险的影响尚不清楚。

体内的木脂素
木脂素被肠道细菌分解为肠内酯和肠二醇，它们进入血液并可能影响身体的某些器官，如心脏、生殖器官和骨骼。

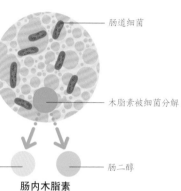

肠道细菌

木脂素被细菌分解

肠内酯 —— —— 肠二醇

肠内木脂素

血液供应

心脏和血管　　乳房　　子宫和卵巢　　前列腺　　骨骼

坚果和种子中的油

坚果和种子是高热量食物之一，主要是由于它们的高脂肪含量。坚果和种子富含ω-6脂肪酸，对大脑功能和细胞生长发育至关重要。然而，除了核桃和亚麻籽外，它们的ω-3脂肪酸含量相对较低。ω-3脂肪酸可能有助于预防心脏病，在油性鱼类中有丰富的来源（见第78～79页）。

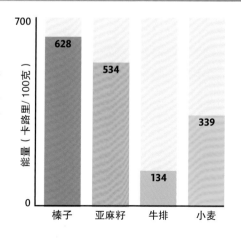

能量（卡路里／100克）

700

628
534
339
134

0

榛子　　亚麻籽　　牛排　　小麦

据估计，仅美国就有**300**万人对坚果或花生过敏。

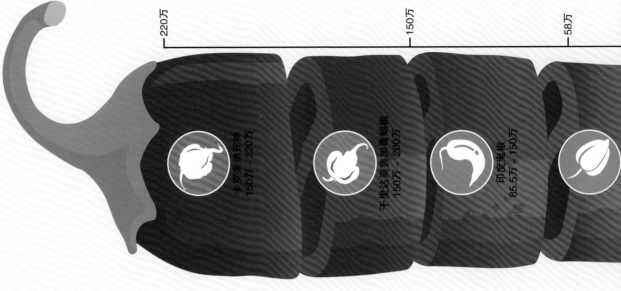

220万

150万

58万

卡罗来纳死神
150万～220万

干吉达莫鲁加蝎椒
150万～200万

印度鬼椒
85.5万～150万

辣椒与其他辛辣食物

辣椒和其他辛辣食物，如芥末和辣根，具有强大的化学防御功能。我们可以用它们来调味，制作美味可口的菜肴，也有证据表明辣椒对健康有好处。

多辣才算辣？

辣椒的热辣感觉来自化学物质辣椒素。辣椒和辣椒制品中辣椒素含量通常使用斯科维尔量表来测量。斯科维尔量表在1912年设计的。斯科维尔量值最初是指辣椒提取物被稀释了多少次之后才被同组5个品尝人都感觉不到辣。现在，斯科维尔量值通过直接测量辣椒素含量来定，依靠科学分析而不是主观的。辣椒素除了产生辛辣的感觉，还会破坏DNA线粒体（细胞的能量来源）。癌细胞特别容易受到这类化合物的伤害，因此很多辣椒素被当作抗癌药物来治疗癌症。其他的辛辣食物，比如辣根和芥末，可以从辛辣的、挥发性的化合物中获得热度，而且可以用辛辣度来判断。

1600万

纯辣椒素的斯科维尔热度。

斯科维尔值

传统的斯科维尔图表最上部是哈巴内罗辣椒。但近年来，新品种的超级热辣椒的斯科维尔值已经超过了200万。不同的植物，甚至在同株植物上不同的辣椒之间，斯科维尔值各不相同。

辣椒有助于减肥吗？

研究老鼠时发现辣椒素有助于将白色脂肪转化为更健康的棕色脂肪；其他研究表明，辣椒可以减少人对脂肪和糖的渴望。

35万　　　　10万　　　　5万　　　　3万　　　　1万　　　0

斯科维尔辣度单位（SHU）

苏格兰帽椒
10万～35万

鸟瞰辣椒
5万～10万

卡宴辣椒
3万～5万

塞拉诺辣椒
1万～2.3万

甜椒没有明显的辣味

辣是如何产生的？

辣椒素刺激热敏感神经细胞，使大脑接收到热量信号，身体产生刺激反应，就像烫伤时的一样。辣椒素在正常摄入量时不会产生化学损伤，但大剂量的辣椒素是一种神经毒素。辣根、芥末和山葵都富含芥子油武，当被碾碎时，酶会把这些物质分解成异硫氰酸酯，从而使食物产生辣味。

化学刺激

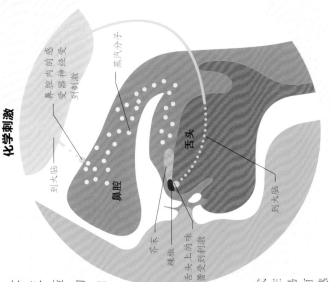

到大脑

鼻腔内的感受器神经受到刺激

蒸汽分子

鼻腔

舌头

芥末

辣椒

舌头上的味蕾受到刺激

到大脑

热辣的感觉

芥末和辣椒都很辣，但我们感受它们的方式不同。辣椒素能刺激口腔中的神经受体。在舌头上感到辣。芥末中的异硫氰酸酯很容易挥发，即使在室温下也能挥发，再结合它有一定的水溶性，会刺激上部鼻腔的受体并感觉到辣。

缓解灼烧的感觉

辣椒中的辣椒素不能溶于水，所以喝大量的冷水是无济于事的。但它可溶于脂肪，所以喝牛奶或吃冰激凌有助于溶解和稀释这些刺激性化学物质。此外，牛奶中的酪蛋白可能有助于破坏辣椒素和神经受体之间的结合。高浓度酒精也会有帮助，如热酒等。辣椒素也可以用植物油或黄油从皮肤上去除。

牛奶

冰激凌

香　　料

香料是干燥的种子、水果、树根或树皮的一部分或提取物，它与香草不同，香草是植物的花朵、叶子或茎。几个世纪以来，香料一直被用来调味、着色和保存食物，是许多区域菜肴独特风味的关键物质。香料还可以用于传统的健康疗法，并有悠久的历史。

丁香油真的能缓解牙痛吗?

是的，在疼痛牙齿的旁边滴一滴丁香油，能有助于暂时缓解疼痛，但它不能根治疼痛。

是什么让香料产生香味?

香料的香味主要归属于它们含有的芳香油，这些物质可能占香料重量的15%，主要由各种植物化学物质组成（见第110～111页），特别是萜烯和酚类物质。每一种香料通常都含有几种不同的萜烯和酚类物质，它们独特的混合方式赋予了每种香料特有的风味。

香味的化学物质
许多不同的化学物质都可以使香料产生香味，但某些香料的香味可能由一种物质占主导，如丁香中的丁香酚和八角茴香中的茴香脑。加热会使香料释放出更多的化学物质，但过多的热量会破坏它们。

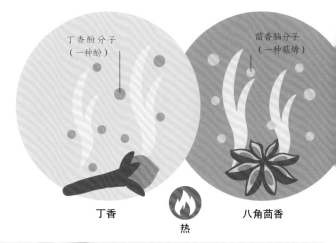

丁香酚分子（一种酚）

茴香脑分子（一种萜烯）

丁香　　　热　　　八角茴香

香料和健康

鉴于香料在传统医学中有一定的使用历史，有很多说法宣称香料有益于健康。然而，大多数的说法并没有得到严格的评估。香料中的一些化学物质，如某些酚类和萜烯，在实验室研究中似乎确实有益于健康，但对人体的作用几乎没有证据支持。

为了生产450克藏红花，需要7万朵番红花的雄蕊。

肉桂
宣称具有调节血压、降低血脂水平和降低血凝块风险，但此说法尚未得到证实。

生姜
一些证据表明它可以缓解恶心；可以抗癌和抗偏头痛的说法尚未得到证实。

肉豆蔻
有些证据表明它具有抗菌、抗炎、镇痛的作用。大剂量的生肉豆蔻会对精神有影响。

芫荽籽
具有抗菌效果。可以减少焦虑和肠道问题的说法未经证实。

芥末
芥末的提取物在临床上被用于治疗癌症，但芥末本身的抗癌作用尚未得到证实。

姜黄
实验室研究表明，它可能具有抗菌、抗癌和抗炎的作用。

辛辣的菜肴

　　虽然一些香料被广泛应用，如胡椒和豆蔻，但许多地方菜系都与特定的香料或香料混合物有关。例如，八角茴香和川椒都是传统四川菜的特色。香料的混合物，如摩洛哥混合香料、咖喱粉、印度什香粉和卡真调味料，通常在成分上有所不同，甚至不同制造者之间成分也不同。

中东

小豆蔻・肉桂
丁香・孜然
生姜
芫荽籽
藏红花
漆树果

墨西哥

芫荽籽
孜然
肉桂
红辣椒

辣椒粉

加勒比

多香果
肉豆蔻
丁香
肉桂
生姜

北非

小豆蔻・肉桂
孜然・红辣椒
姜黄
生姜

摩洛哥混合香料

卡真

辣椒
黑胡椒粉
红辣椒

卡真调味料混合物

泰国

孜然・生姜
姜黄・八角茴香
高良姜・豆蔻
辣椒・芫荽籽
肉桂・黑胡椒粉

四川

辣椒
肉桂
丁香
八角茴香
生姜
辣椒粉

印度

辣椒粉
小豆蔻・肉桂
芫荽籽・孜然
肉豆蔻・红辣椒
姜黄・生姜

印度什香粉香料混合物
咖喱粉香料混合物

香　草

　　长期以来，香草不仅具有药用价值，还含有丰富的芳香化合物，用来提高菜肴的味道，增加风味。适当的调味料会使肉类更加美味。

2茶匙鼠尾草
（1.4 克）

钙
每日需要的2.9%

镁
每日需要的1.6%

维生素B₆
每日需要的2.7%

维生素A
每日需要的3.1%

铁
每日需要的2.8%

维生素K
每日需要的32%

香草的营养

　　香草的风味化合物逐渐进化为具有防御性的化学物质，但这并不影响我们如何使用它们，因为我们用量很少。我们主要对香草的味道感兴趣，这限制了我们从许多香草中获取优良营养物质。

鼠尾草的用途
实际上，烹饪中使用的鼠尾草的量只能提供每人每天所需营养成分的一小部分，除了维生素K。

欧洲

牛至　　薄荷

迷迭香　　百里香　　香菜

莳萝　　马郁兰

山萝卜　　茴香　　菊苣

西芹　　鼠尾草

月桂叶

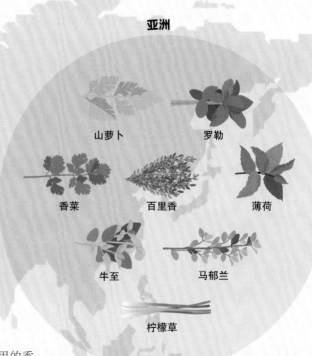

亚洲

山萝卜　　罗勒

香菜　　百里香　　薄荷

牛至　　马郁兰

柠檬草

香草是从哪里来的

　　世界上使用的大多数香草，尤其是欧洲菜系中使用的香草，都属于薄荷科（如罗勒和鼠尾草）或胡萝卜科（如莳萝和茴香）。许多与欧洲或亚洲菜系有关的香草都起源于其他地方，而香草基本上在人类历史早期就已经遍布世界各地。例如，香菜起源于中东，现在是世界上最广泛食用的新鲜香草。

香草区域的影响
自人类早期以来，香草一直被携带和交易，很难确定它们的野生起源。香草在早期主要使用其药用价值，但它们也确实被古希腊人和罗马人用来调味。

草药

香草的香气和味道主要来自萜烯和酚类化合物，这两类物质是有效的抗氧化剂和抗菌剂。考虑到中草药的悠久历史和广泛使用，以及它们所含化合物对健康的益处，许多烹饪用的香草都宣称有益于健康。然而，很少有强有力的、高质量的实验证据支持这些营养学家提出的主张。

香草	健康声明
牛至	抗菌、富含抗氧化剂；有助于减少黏液；治疗呼吸系统疾病和消化不良
迷迭香	消炎抗菌；可以改善心血管功能
百里香	增强免疫力，缓解胃痛，促进呼吸系统健康
薄荷	抗菌和抗病毒；强抗氧化及抗肿瘤作用；抗过敏；可以减轻疼痛
罗勒	可降低血液胆固醇及其他血脂；可以降低患心血管疾病的风险；抗氧化、抗癌活性
柠檬草	抗氧化，抗菌，抗真菌；可以帮助消化
茴香	减少口臭；可能缓解消化不良、腹胀和绞痛
莳萝	可能减少胃灼热、绞痛和打嗝
菊苣	可能缓解消化问题、头痛和更年期症状；可能对一些肾脏和肝脏问题有效
西芹	富含抗氧化剂；可能缓解泌尿系感染和便秘
香菜	富含抗氧化剂；可能帮助消化问题，改善食欲

一些人对香菜的强烈厌恶与他们的特定基因有关。

新鲜的还是脱水的？

一般来说，植物营养物质在加热和干燥时会降解，但香草在干燥后却表现很好。尤其是来自炎热干燥地区的香草，如牛至、迷迭香和百里香，可以很好地应对加热和干燥，因为它们适应了干旱的环境。然而，并不是所有的干燥方式都是一样的。太阳或烤箱干燥会使许多营养物质分解，但通过冷冻和微波干燥可以很好地保存芳香化合物。事实上，研究表明，冷冻干燥可以通过减缓降解过程来增加可用萜烯和抗氧化剂的浓度。

干罗勒
干香草最好在烹饪过程的早期添加，这样它们的味道就有机会被浸出并分散。若在最后添加，只会尝到灰尘或木本的味道。使用干罗勒可能比使用新鲜的更实惠，因为不需要那么多。

新鲜罗勒
罗勒是香草之王，很容易种植，经常以罐装出售，这样更容易保鲜。罗勒是一种暖气候的植物，不喜欢寒冷，不能储存在冰箱里。新鲜的罗勒应放在水中。

食　　盐

食盐是所有生物的生物化学组成部分，是维持生命的基本物质。我们重视它的防腐效果，渴望它带来的味道，但是我们在日常饮食中是否摄入了太多的食盐？

我们为什么需要食盐？

食盐是由钠和氯离子组成的。氯离子可以用来制造胃酸，但对身体更重要的是钠离子。人体中所有细胞都需要钠离子，它对维持细胞和组织的体液平衡以及神经信号传输尤为重要。由于钠离子是食盐更广泛使用的成分，科学家和膳食指南倾向于探讨钠含量，而不是食盐。过多的钠会导致高血压、骨质流失和其他负面的健康影响。

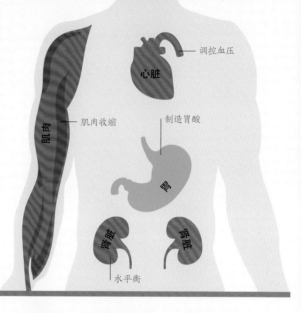

大脑 —— 神经系统功能

—— 调控血压

心脏

—— 肌肉收缩

肌肉

制造胃酸

胃

肾脏　　**肾脏**

水平衡

食盐在体内的作用
钠离子可以促使水或其他物质进出细胞，并在细胞膜上产生电荷，促使神经信号在身体内传递。

图注
● 钠
● 氯

食盐从哪里来？

盐可以通过海水蒸发或从岩石沉积物中开采或提取得到。岩盐和海盐通常是未经加工的大的晶体或薄片，而精制食盐经过研磨和加工，去除了杂质，添加了防腐蚀剂，更细腻。

 全球每年的食盐产量超过2亿吨。

太阳

食盐沉积

—— 水蒸发

食盐

海水

海盐
海水被阳光和风蒸发，随着海水变得更浓，就更接近收获海盐。食盐大约在25%的浓度时开始结晶。

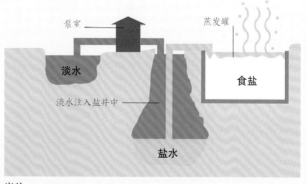

泵室　　　　蒸发罐

淡水

食盐

淡水注入盐井中

盐水

岩盐
岩盐可以通过切割或使用炸药直接开采，也可以溶解成非常浓的食盐水，然后将食盐水泵到地面的蒸发池中，最后在蒸发池中回收食盐。

我们需要多少钠?

　　大多数官方建议每人每天的钠摄入量最高为2克。美国饮食指南(2015—2020年)建议每人每天摄入少于2.3克的钠,或大约一茶匙食盐。但发达国家每天的实际平均钠摄入量超过了3.4克,增加了高血压的风险,导致中风等相关的健康问题(见第212~213页)。

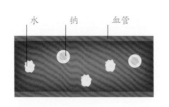

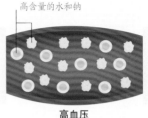

钠和血压
长时间高盐摄入量会导致血液中的钠含量过高,因此,肾脏从血液中回收较少的水分,导致高血压。

饮食中的钠

　　钠在某些食物中天然存在,比如芹菜、甜菜根和牛奶,但更多的是在加工、烹饪甚至吃饭的时候添加。钠的隐性来源包括加工食品,特别是钠含量高的即食食品。例如,罐装汤中食盐的浓度与血浆相同(大约1%),一些加工食品的食盐含量可能与海水的含盐量一样高(3%)。钠另一个隐性来源是烘焙食品中的小苏打(碳酸氢钠)。

一天的钠摄入量
考虑到日常食物中隐性的钠含量很高,除非很小心,否则钠的摄入量在一天之内就会迅速增加。

为什么厨师喜欢海盐?

虽然大多数种类的食盐在化学成分上都是相似的(98%~99.7%的氯化钠),但厨师更喜欢用海盐晶体或薄片来制作菜肴,因为它们更容易使菜脱水并增加质感。

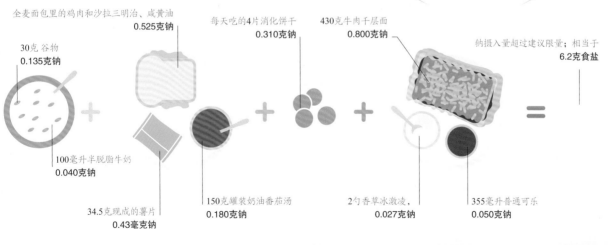

30克 谷物
0.135克钠

100毫升半脱脂牛奶
0.040克钠

全麦面包里的鸡肉和沙拉三明治、咸黄油
0.525克钠

34.5克现成的薯片
0.43毫克钠

150克罐装奶油番茄汤
0.180克钠

每天吃的4片消化饼干
0.310克钠

430克牛肉千层面
0.800克钠

2勺香草冰激凌,
0.027克钠

355毫升普通可乐
0.050克钠

钠摄入量超过建议限量;相当于
6.2克食盐

早餐
0.175克钠

午餐
1.135克钠

零食
0.310克钠

晚餐
0.877克钠

总钠
2.497克

脂肪与油脂

由于在公众健康饮食的认知中被丑化，有关脂肪和油脂的真实故事其实是复杂而矛盾的。作为生活和精美食物的必需品，如果使用得当，脂肪和油脂都可以是超级食物。在食物中发现的主要是饱和脂肪和不饱和脂肪。大多数脂肪和油脂都包含这两种类型。

脂肪和油脂的来源

尽管脂肪和油脂经常可以互换使用（见第29页），但室温下是液体的脂肪称为油脂。

尽管所有脂肪的热量含量相同——9千卡/克，但有些兰脂肪称为油脂。我们从食物中获得的脂肪和油脂通常比动物油脂的来源比其他的更好。从鱼和植物中获得的脂肪更健康，因为它们含有更多的不饱和脂肪酸链。但并非所有不饱和脂肪酸都是一样的。ω-3脂肪酸是一种多不饱和脂肪酸，具有消炎作用，而ω-6脂肪酸则有相反的作用。

饱和脂肪
在很长一段时间里，饱和脂肪都与高心血管疾病风险联系在一起（见第214~215页），但现在这种说法被认为是有争议的。椰子油、黄油、奶酪和红肉都有高含量的饱和脂肪。

椰子油

不饱和脂肪
不饱和脂肪主要存在于植物油中。最受欢迎的植物油，包括葵花籽油、芝麻油和玉米油，都主要是ω-6脂肪酸。亚麻籽油是一个不常见的例外，它提供了大量的ω-3脂肪酸。

葵花籽油

为什么专家们不能统一的答案；最好的建议是吃丰富的海鲜，种子和少量的肉类和奶制品。

这个领域的科学家很少给出明确的答案；最好的建议是吃丰富的海鲜，种子和少量的肉类和奶制品。

单不饱和油脂
富含单不饱和油脂的有橄榄油、菜籽油、芝麻油和红花油。不饱和油脂可降低胆固醇水平，降低中风和患心脏病的风险。

1 橄榄
橄榄越熟，油产量就越高，但是味道会变差，所以选择什么时候收获是由两个因素综合决定的。

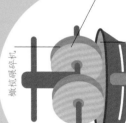

橄榄碾碎机
石碾将橄榄磨成糊状

2 磨浆
将橄榄碾磨碎成浆，释放出油脂，得到的糊状浆物缓慢搅拌使混合

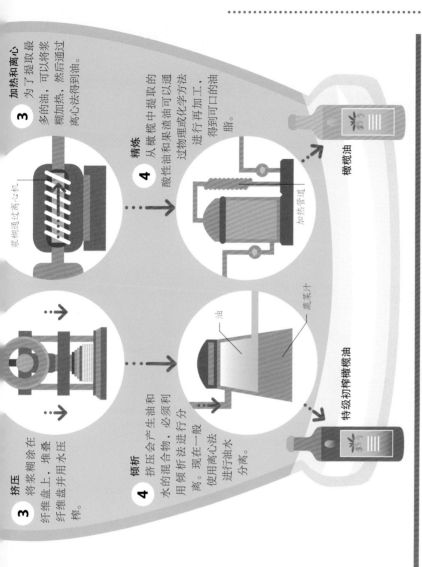

3 加热和离心
为了提取最多的油，可以将浆糊加热，然后通过离心法得到油。

4 精炼
从橄榄中提取的酸性油和果渣油可以通过物理或化学方法进行再加工，得到可口的油脂。

橄榄油

3 挤压
将浆糊涂在纤维盘上，堆叠纤维盘并用水压榨。

4 倾析
挤压会产生油和水的混合物，必须利用倾析法进行分离。现在一般使用离心法进行油水分离。

油

蔬菜汁

加热管道

特级初榨橄榄油

低脂食物

近年来，脂肪的口碑一直很坏，以至于人们转而食用低脂食物，包括酸奶、餐和沙拉酱。然而，低脂或零脂肪的食物通常含有较高的糖。

西班牙是世界上最大的橄榄油生产国。

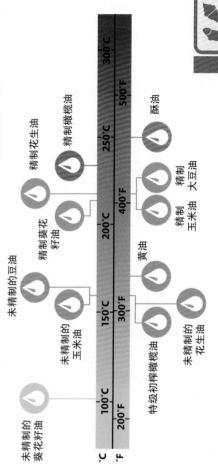

未精制的豆油
未精制的葵花籽油

精制花生油
精制葵花籽油
精制橄榄油
酥油

精制玉米油
精制大豆油

黄油

未精制的玉米油
未精制的花生油

特级初榨橄榄油

°C	100°C	150°C	200°C	250°C	300°C
°F	200°F	300°F	400°F	500°F	

使用油烹饪

油在烹饪中有很多作用：可以作为乳化剂；可以通过渗透和弱化作用使食物变嫩；可以允许食物在比水煮更高的温度下烹饪；可以发生褐变反应。然而，煎炸用油的质量会逐渐下降，因为它的成分会逐渐分解。

烟点

烟点是油开始发烟的温度。不同的油有不同的烟点。高于烟点温度时，油会降解并产生有害的燃烧产物。未精制的油在温度较低的时候就开始发烟，因为它们的杂质开始燃烧。

糖

糖是一类简单的碳水化合物（见第22～23页），它们存在于大多数食物中，也可以从蜂蜜等天然来源中直接获得，或者通过提炼甘蔗、甜菜或玉米的汁液来获得。人体不需要精制糖，因为它可以通过分解更复杂的碳水化合物来获得葡萄糖。

红糖更健康吗？

红糖含有黑糖蜜，它是白糖精制过程中的副产物。黑糖蜜含有维生素和矿物质，但它们在红糖中含量很少，不会对日常需求做出重大贡献。

常见的糖

世界上大约80%的糖是由煮沸的甘蔗汁制成的。甘蔗汁经过滤和纯化后得到白糖，主要成分是蔗糖，干燥后可以制成颗粒或粉末状。进一步煮沸并加入黑糖蜜后得到红糖。一些糖浆是通过将蔗糖分解成葡萄糖和果糖制成的。

蔗糖是枫糖和精制糖的主要成分，从黑糖到冰糖也都是蔗糖。蔗糖由葡萄糖和果糖分子组成，消化后可分解为葡萄糖和果糖。

饮食中所有可消化的碳水化合物最终会被身体分解为葡萄糖分子——一种六边形的环状分子。葡萄糖在蜂蜜中是天然存在的，也可以以葡萄糖糖浆的形式存在。葡萄糖糖浆可以通过玉米或土豆的淀粉制成。

果糖天然存在于水果和蜂蜜中，但作为一种添加糖，它可能会添加到果酱、转化糖浆和高果糖含量的玉米糖浆中。

| 蔗糖 | 葡萄糖 | 果糖 |

糖替代品

有些甜味剂比蔗糖甜很多倍。这些甜味剂有些是天然的，有些是人工合成的。它们的热量很低甚至没有，对血糖几乎没有直接影响。尽管大多数研究表明它们是安全的，但近期的一些研究表明，人造甜味剂可以改变肠道菌群、影响血糖水平、增加肥胖和患糖尿病的风险。

甜味剂	比蔗糖甜的倍数	缺点
糖精（人工合成）	300	研究发现，糖精会导致大鼠膀胱癌，但在人类身上不会，所以以糖精被认为是安全的。
阿斯巴甜（人工合成）	160～200	有些人认为阿斯巴甜是他们头痛的原因，但没有发现任何证据。
三氯蔗糖（人工合成）	600	三氯蔗糖不含热量，不影响血糖。它没有已知的缺点，但几乎没有被研究过。
山梨糖醇（天然）	0.6	山梨糖醇并非不含热量，然而，它会被慢慢地吸收，不会引起血糖峰值。
甜菊糖苷（天然）	250	甜菊糖苷是一种甜叶菊植物的提取物。唯一已知的缺点是有时会有苦涩的余味。

由于工业化的原因，人们变得更加富裕，糖的需求量上升。

1700　　　　　　　　　　1750　　　　　　　　　　1800

年

糖的繁荣

在古代和中世纪，大多数人以蜂蜜作为甜食，它是葡萄糖和果糖的混合物。尽管甘蔗的种植一直远远延伸到加勒比海和巴西，但是糖仍然是少数人才能享用的奢侈品。伴随着欧洲和北美的工业革命（1760—1840年）创造了大量财富，我们在饮食中对精制糖的需求迅速增长。糖逐渐变得流行起来，最终成为人类的必需品。

糖的历史消费量

由于茶、蛋糕和甜食等加糖食物开始流行，英国的食糖需求在19世纪迅速增长。在美国，伴随着生产商采用廉价的高果糖玉米糖浆加工食品和软饮料，它的食糖消费量在20世纪70年代之后仍持续上升。

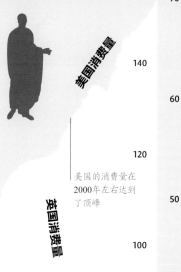

在古罗马，许多人被醋酸铅毒死，因为他们将其用作人造甜味剂。

LB   kg
      70

美国消费量

美国的消费量在2000年左右达到了顶峰

英国消费量

140

60

120

50

100

英国的消费量从20世纪70年代中期的峰值开始下降

40

糖消耗（每人每年）

30

第一次世界大战扰乱了贸易，糖的消费量短暂下降

1939—1945年的第二次世界大战再次降低了糖存储量和需求量

并不是所有的人都是糖爱好者

许多历史学家认为，印度在2000多年前发明了利用甘蔗制造精制糖，但现在印度的人均糖摄入量很少。在许多其他亚洲国家，人们同样不喜欢吃西方国家的甜食。

每天的茶匙数

欧洲、美洲的人们喜欢吃糖，他们的糖消费量比亚洲许多地区的人要多5倍。

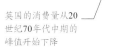

60

20

40

10

20

印度	以色列	中国	菲律宾	泰国
1.3	3.6	3.9	5.6	7.3

低糖消费者（每日茶匙数）

加拿大	墨西哥	澳大利亚	爱尔兰	德国
22.3	23.1	23.9	24.2	25.7

高糖消费者（每日茶匙数）

0

1900   1950   2000

年

血糖的起伏

我们身体的每一个细胞都需要葡萄糖来补充能量，许多不同种类的食物都可以分解为葡萄糖。均衡的饮食可以使我们有稳定的糖供应，但是含糖的零食会使血糖水平剧烈波动。

调节血糖

血糖水平只有在一定范围内，我们的身体才能运转得最好。如果血糖水平升高太多，胰腺会释放胰岛素，刺激脂肪和肌肉细胞吸收葡萄糖。不被细胞即刻需要的葡萄糖可以以糖原形式储存在肝脏中或以脂肪形式存储在身体细胞中。如果血糖水平过低，胰腺释放另一种胰激素（胰高血糖素），刺激肝脏将糖原转化为葡萄糖。如果这还不够，就会使用存储的脂肪。在糖尿病患者中，细胞不能正常产生胰岛素或不能对其产生正确的反应，因此血糖水平波动很大，会产生各种症状（见第216～217页）。

极度活跃的孩子吗？

与大众观念相反，孩子在吃过甜食后不会变得过度活跃。研究表明，多动是因为得知孩子们吃了糖后家长对孩子行为的看法改变导致的，而不是孩子的实际行为。

坐过山车一样
当我们摄入大量含糖的零食时，我们的身体会努力保持血糖水平，导致血糖不断上升和下降，往复循环。长期这样，可能会降低我们对胰岛素的敏感性，导致2型糖尿病。

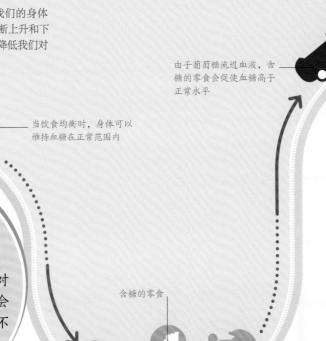

糖含量高

由于葡萄糖流进血液，含糖的零食会促使血糖高于正常水平

当饮食均衡时，身体可以维持血糖在正常范围内

糖会让人上瘾吗？

人们产生对糖的渴望很常见，有证据表明，有些人可能会对糖产生心理依赖。但糖是否会像酒精一样让人上瘾，还是不确定的。

含糖的零食

糖含量低

当血糖降至正常水平下限时，会刺激我们食用含糖的零食。

食物和血糖水平

　　为了准确地了解不同食物对血糖水平的影响，科学家们设计了两种方法来衡量，即血糖指数（GI）和血糖负荷（GL）。食物的血糖指数是指它能多快地提高血糖水平（见第91页）。然而，血糖指数并没有表示出碳水化合物的总量，也没有说明你的血糖水平能升高多少。血糖负荷的设计同时考虑到食物的血糖指数和起作用的碳水化合物的总量，可以提供更准确的认知。一般来说，血糖负荷在10或以下被认为是低的，而血糖负荷在20或以上则认为是高的。

血糖指数与糖负荷
低血糖指数的食物可能有高血糖负荷，反之亦然。例如，西瓜的血糖指数很高，但它血糖负荷很低（120克）；尽管巧克力蛋糕是一种甜食，但它的血糖指数相对较低，但相同重量下（120克），它的血糖负荷比西瓜高得多。

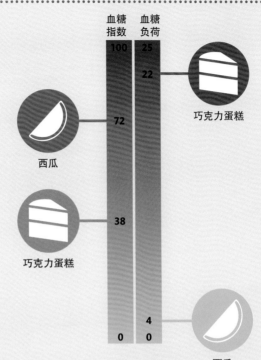

更多的胰岛素产生，更多的葡萄糖存储为糖原或脂肪

过量的葡萄糖会促进胰岛素的分泌，促使葡萄糖被肌肉和脂肪细胞吸收，转化成糖原或脂肪存储，最终导致血糖迅速下降

血糖含量再次超出正常范围

血糖水平

20分钟
吃含糖零食后血糖达到峰值的时间是20分钟。

正常范围
极端范围

更多的含糖零食

糖含量低

血糖含量再次降到正常范围的底部。尽管许多人都说"糖崩溃"，但这是一种心理现象，健康人群的血糖水平不会低于正常水平

喜欢甜点

糖和脂肪含有大量的热量，人们不断进化来寻找这些高热量的食物（见第9页）。我们都喜欢单独的糖和脂肪，但把两者结合起来（比如蛋糕）会极大地刺激大脑中的愉悦中枢。利用甜点和积极体验之间的心理联系，可能也有助于享受，如生日和浪漫的晚餐。

蛋糕里的科学

为了得到松软的质地，大多数蛋糕都使用化学膨松剂，比如泡打粉。在泡打粉发明之前，通常使用搅乱的蛋清或酵母，现在的一些食谱仍然依赖这些方法。

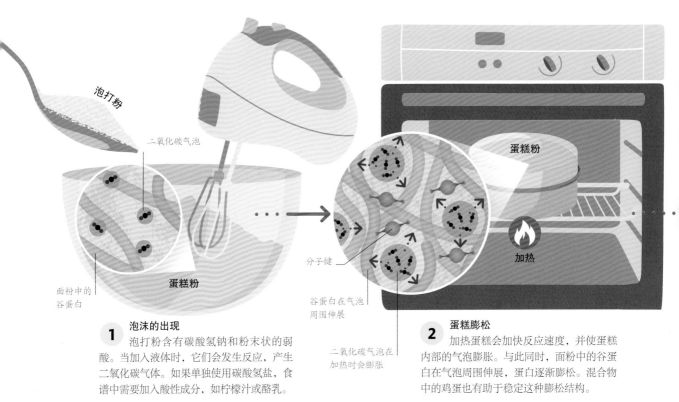

泡打粉

二氧化碳气泡

蛋糕粉

面粉中的谷蛋白

分子键

谷蛋白在气泡周围伸展

二氧化碳气泡在加热时会膨胀

蛋糕粉

加热

1 泡沫的出现

泡打粉含有碳酸氢钠和粉末状的弱酸。当加入液体时，它们会发生反应，产生二氧化碳气体。如果单独使用碳酸氢盐，食谱中需要加入酸性成分，如柠檬汁或酪乳。

2 蛋糕膨松

加热蛋糕会加快反应速度，并使蛋糕内部的气泡膨胀。与此同时，面粉中的谷蛋白在气泡周围伸展，蛋白逐渐膨松。混合物中的鸡蛋也有助于稳定这种膨松结构。

甜　　点

对很多人来说，用甜点来结束一顿特别的餐食，没有比这更好的方式了。我们将惊人数量的科学知识都用来创造我们最喜欢的食物，从确保蛋糕完美膨松，到尝试做出更健康、更好的口感。

为什么我还能吃甜点呢？

尽管已经饱了，在饥饿激素的驱使下，我们仍不断地寻找各种各样的甜食。糖可以使胃放松，使胃空间变得更大！

海绵蛋糕

谷蛋白变得更坚固，
提供支撑

3 **蛋糕块**
随着烹饪水平的发展，蛋糕结构变得更加坚固，将气泡困在里面，产生一种轻便、多孔的质地。这种质地在无谷蛋白蛋糕中是很难实现的，因为它们没有弹性谷蛋白来形成基础的结构。

防融化冰激凌

一种能稳定脂肪、水和气泡混合物的蛋白质已经被研制出来，并用来生产防融化冰激凌。这种蛋白质还能防止冰晶形成，确保冰激凌柔顺丝滑的口感，甚至可以让低脂肪的甜点尝起来像奶油一样。

健康的甜点？

虽然许多"健康甜点"使用"更好的"选择来代替精制糖或黄油，但它们仍然倾向于高糖、高脂和高热量。粗制核仁巧克力饼不含糖和面粉，使用杏仁酱制作，但如果吃太多，仍然会导致体重增加。真正健康、营养丰富的甜点可能只含有新鲜水果、低脂、无糖的酸奶，以及少量的坚果。

被替换成分	替换为	它是健康的吗？
精制糖	蜂蜜、枫糖浆、椰子糖	天然糖含有少量的有益营养物质，但它们仍能增加血糖，并提供大量热量。
奶油	低脂酸奶	用低脂酸奶代替奶油或黄油可以大幅减少甜点里的热量和饱和脂肪。
糖	甜味剂	甜味剂不会提高血糖，对糖尿病患者有益。我们不知道长期使用的影响。
中筋面粉	无谷蛋白面粉	除非过敏或不耐受，否则替换为无谷蛋白面粉并不会增加好处。

巧克力

巧克力是世界上最受欢迎的食物，它起源于中美洲发明的一种辛辣的饮料，在15世纪被带到欧洲时添加了糖。我们今天所知道的巧克力棒是通过新的加工方法制造的。

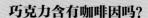

巧克力含有咖啡因吗？

是的，巧克力中的少量咖啡因来源于可可固体。它还含有其他的兴奋剂，如可可碱。

巧克力是怎样制成的

就像酿酒中的葡萄汁一样，可可豆在加工前需要经过发酵才能形成独特的风味。大多数巧克力都含有其他成分，如牛奶巧克力含有牛奶和糖，白巧克力中没有可可固体，只有可可脂、牛奶、糖和香草。

瑞士是全球最大的巧克力消费国，每年每人吃掉近9千克的巧克力。

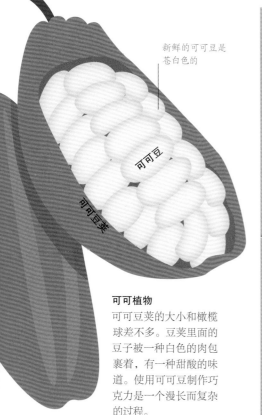

新鲜的可可豆是苍白色的

可可豆

可可豆荚

可可植物
可可豆荚的大小和橄榄球差不多。豆荚里面的豆子被一种白色的肉包裹着，有一种甜酸的味道。使用可可豆制作巧克力是一个漫长而复杂的过程。

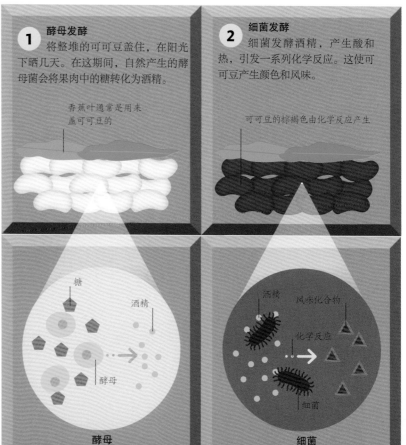

1 酵母发酵
将整堆的可可豆盖住，在阳光下晒几天。在这期间，自然产生的酵母菌会将果肉中的糖转化为酒精。

香蕉叶通常是用来盖可可豆的

糖

酒精

酵母

酵母

2 细菌发酵
细菌发酵酒精，产生酸和热，引发一系列化学反应。这使可可豆产生颜色和风味。

可可豆的棕褐色由化学反应产生

酒精

风味化合物

化学反应

细菌

细菌

巧克力和快乐

当我们吃巧克力时，大脑会释放让我们感到兴奋的化学物质，它们能带给我们快乐。研究表明，我们渴望的是吃巧克力时的感官体验，而不是巧克力所含的兴奋剂。这种体验中最重要的因素之一并不是巧克力的味道，而是它的熔点。

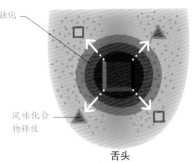

巧克力融化

风味化合物释放

舌头

融化的幸福
巧克力是少数能在口腔温度下完全融化的食物之一。当巧克力覆盖舌头和口腔时，风味化合物被释放出来，从而提升了感官体验。

巧克力和健康

可可中的抗氧化剂对健康有许多益处，包括暂时降低血压。遗憾的是，大多数巧克力并不含有太多的可可，而添加的糖分和脂肪使巧克力变得不健康。

抗氧化剂

---

3 烤
然后将可可豆晒干并烘烤，进一步激发味道，在这个过程中化学反应仍在继续进行。

带壳的可可豆

4 风选和研磨
在"风选"的过程中，可可壳被去除，然后可可粒被磨成可可浆。

分离壳

可可粒

烤好的可可粒被磨成浆

可可浆

5 分离
可可浆可以分离出两种物质：可可固体和可可脂。它们可以单独使用，也可以重新组合成不同种类的巧克力。

可可浆

可可脂

可可固体

不同类型的晶体形成，导致易碎的结构

未控温的

形成同一类型的晶体，得到闪亮巧克力

控温的

7 回火
仔细控制巧克力冷却的温度（回火）对于确保正确的晶体类型很重要。如果混合了多种晶体类型，巧克力将会变钝、易碎、容易融化。

完美回火巧克力的颜色是一致的

6 混合搅拌
混合的机器将可可固体、可可脂和其他成分混合在一起，打碎颗粒以产生更丝滑的质地。

可可脂和固体

牛奶和糖

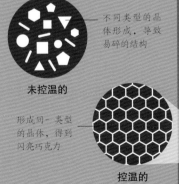

糖 果

糖果看似简单，但制作糖果却是一个复杂的过程。要仔细控制添加到初始原料中的物质；不同的制作温度也会产生大量不同质地的糖果，从柔软的、耐嚼的，到坚硬的和脆的。

棉花糖

棉花糖是很特别的，它是由糖融化后直接制成的，而不是先在水中溶解。融化的糖通过一个旋转的精细纺织锥状喷嘴喷出，产生长长的糖丝。糖丝地，糖丝会很快冷却，糖产生形，易碎，入口即化的棉花糖。

焦糖布丁

图注

慢慢冷却　　快速冷却　　冷却并搅拌

褐变反应

在高温下，一旦所有的水都蒸发完，糖开始焦化，分解为大量更黑、更有味道的分子。

糖分解成不同类型的分子

快速冷却

将糖溶液加热到中等温度，然后迅速冷却。此过程不允许晶体形成。相反，它会产生外观清澈透明、坚硬、脆脆的棒棒糖和硬糖。

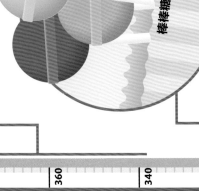

棒棒糖

快速冷却意味着葡萄糖分子彼此远离

葡萄糖

慢慢冷却

将糖溶液加热到中等温度，然后缓慢地冷却。在小棒或细绳周围会出现大的晶体生长。

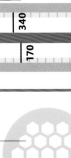

冰糖

巨大的葡萄糖分子晶体形成

°F　　°C

400　200

380　190

360　180

340　170

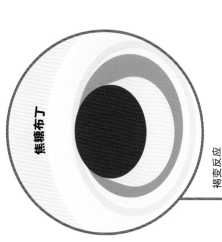

口香糖是用天然树胶做成的，但现在大部分都是合成的。

添加"活力"

雪酪是由糖、调味料、粉末状的酸和小苏打混合制得的。雪酪和跳跳糖中的二氧化碳气泡产生了"活力"。

制作跳跳糖

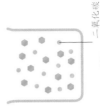

二氧化碳

1. 将纯糖浆中的水煮干，注入高压二氧化碳，可以使糖浆中充满气泡。

2. **锁住气泡**
上述混合物迅速冷却，由于糖没有足够时间进行结晶，形成了一种无序、玻璃状结构，固住了气泡。

3. **弹跳！**
舌头上温暖的水分会使糖溶解，释放出里面的气体，高压气泡在释放过程中产生跳动。

缠结的明胶链锁住气泡

气泡

葡萄糖

水和溶解的糖

热

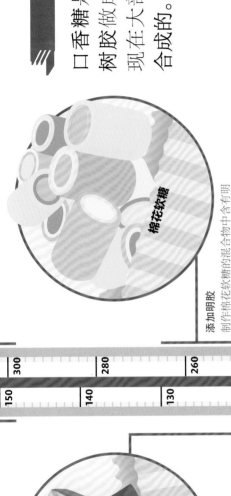

棉花软糖

制作棉花软糖的混合物中含有明胶，这是一种从动物结缔组织中提取出来的物质（见第72页）。明胶会形成杂乱的链。当混合物快速冷却并搅拌时，它会吸收空气，产生一种松软的质地。

添加明胶

软糖

小的葡萄糖分子晶体形成。

添加黄油和牛奶

软糖的制作方法是将添加了黄油和牛奶的糖溶液加热到低温，然后在冷却过程中迅速搅拌，促使许多微小的晶体形成。晶体越小，软糖就越顺滑。

简单的开始

大部分的糖果都是含有糖的水加热而成的。通过控制糖浆的含水量、加热的最高温度、冷却和结晶速度，可以产生不同的糖果。添加成分也会影响晶体的形成，但是加入黄油或牛奶会导致蛋白质和糖发生反应，即褐变反应（见第63页），赋予焦糖糖果独特的味道。

替代食物

　　随着我们主要食物来源的压力越来越大，对替代食物的需求也在增加。减轻这种压力的方式包括：更多地利用现有但未充分利用的食物，以及开发全新的食物来源。

哺乳动物和鸟类

在部分文化中，马、袋鼠、鸵鸟、鸣鸟、豚鼠和狗是可以吃的，但在其他文化中却被怀疑。老鼠和田鼠是东南亚和非洲某些地区的主要食物。

蠕虫和蛴螬

蠕虫和蛴螬是非常有营养的。它们的脂肪含量通常很低，在某些文化中被认为是蛋白质的来源，澳大利亚的巫蛴螬就是个著名的例子。

昆虫

昆虫已经被大量的人食用（见第246～247页），昆虫的蛋白质产出率很高。

豆类和块茎

尽管豆类和块茎已经被广泛食用，但仍有许多营养丰富的其他种类的植物可能作为有价值的食物来源，包括非洲山芋豆和酢浆薯。

未充分利用食物

　　世界上大部分的食物由相对较少的植物和动物物种提供，更多的物种只是在某些地区或文化中被食用，但有可能被更广泛地使用。在某些情况下，这可能意味着要克服"哪些东西可以吃，哪些是令人恶心的"文化准则，比如在许多西方国家，蛴螬和宠物型动物是不能吃的。

培养肉

　　越来越多的全球人口加剧了对更多食物的需求，也包括更多的肉类。饲养动物肉需要大量的资源，如土地、饲料和水，它可能不是此需求的长期可持续解决方案（见第228～229页）。解决肉类需求的潜在答案可能是培养肉，利用动物的肌肉干细胞作为源细胞进行培养。首个可食用的培养肉样本是2013年公布的，但它是一个实验室样本。大规模生产"培养肉"的技术难题还没有被克服，因此培养肉也不太可能解决对更多肉类的短期需求。

肌肉样本

肌肉干细胞

1 收获肌肉样本

从牛或猪身上提取少量肌肉样本，然后从样本中提取干细胞。这些干细胞将会被培养并成长为肉。

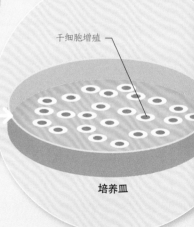

干细胞增殖

培养皿

2 肌肉干细胞培养

肌肉干细胞放置在培养皿中，提供营养物质，使细胞增殖。这一过程是为了得到足够的细胞，以确保细胞在生物反应器中生长大量的肉。

新食物

　　任何一种新的食物在成为人类饮食的一部分之前，都需要符合一定的特性：安全、营养丰富、廉价易得和生态足迹小。一个好的出发点是尝试利用现有的食物，比如羽扇豆和藻类，尽管科学家们也在尝试从动物肌肉中得到培育肉（见下文）。

藻粉

藻类
大型海藻在亚洲是很受欢迎的食物，但一些微小的藻类也被培育出来，用来制作海藻粉之类的食物。

羽扇植物

羽扇豆

羽扇豆
羽扇豆已经被用于某些菜肴，但它们也被用作合成蔬菜蛋白质食物的原料，比如羽扇肉和羽扇粉。

我们可以用纤维作为食物吗？

虽然我们不能消化纤维，但科学家们已经找到了一种将纤维素（纤维的主要成分）转化为淀粉的方法。淀粉是我们可以消化的，因此纤维有可能被用作食物。

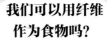

20000
全球可食用植物种类的数量大约有20000种。

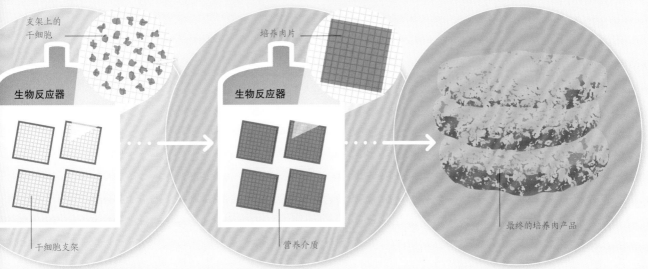

支架上的干细胞

培养肉片

生物反应器

生物反应器

干细胞支架

营养介质

最终的培养肉产品

3　将干细胞放置在支架上
　　将干细胞放置在支架上，这样它们就有一个可以生长的表面。然后将这些可生物降解和食用的支架放置在生物反应器中。

4　得到培养肉
　　干细胞浸泡在生物反应器中的营养液中，并生长成薄片。这些薄片很薄，大约1毫米，需要加工成更大的易食用的片状。

5　培养肉加工
　　将薄片培养肉从生物反应器中取出并加工成厚片。加入色素、调味剂和脂肪等并混合均匀，使培养肉外观和口感更像天然的肉类。

饮 料

饮用水

洁净、安全的自来水是文明的伟大成就之一。瓶装水越来越受欢迎，但人们同时也担心它对环境的影响，而且没有具体的证据表明它对健康有好处。

自来水处理

水处理的目的是清除污垢、垃圾、有毒化学物质和微生物，以保证人类的饮水安全。处理过程的细节根据水质标准不同、地区不同而不同，但通常涉及这里所显示的所有步骤。

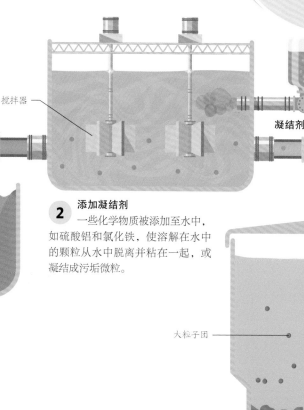

搅拌器

凝结剂

2 **添加凝结剂**
一些化学物质被添加至水中，如硫酸铝和氯化铁，使溶解在水中的颗粒从水中脱离并粘在一起，或凝结成污垢微粒。

大粒子团

污泥层

蓄水池

1 **水源**
人类消耗的水来自湖泊、河流、水库和钻井。水首先经过过滤，滤除大块的碎片和有机物，因为这些东西在后期的加工阶段会堵塞管道。

自来水

在发达国家，自来水经过彻底处理，可以清除污垢、微生物和有毒污染物。它也经过严格的检测以确保能安全饮用和烹饪。事实上，这些检测指标可能比一些瓶装水的标准要高。除了确保安全，水处理还可以包括调整水的酸度或碱度，这样它就不会腐蚀管道。自来水可能含有某些添加物质用来改善健康状况，例如，氟化物可以减少蛀牙，但任何此类添加剂都根据当地法律规定而有所不同。

3 **沉降**
在温和的混合下，凝固的颗粒聚集在一起形成大体积团块，这一过程被称为絮凝。这些团块沉淀到容器的底部，在那里形成一层可以被移除并当作肥料使用的污泥。

矿泉水

一般来说，矿泉水是在它们自然产地饮用的，如温泉或水井。但现在，矿泉水更普遍地在源头包装然后分发销售。矿泉水通常有高含量的溶解矿物质，尽管这些并不一定会给健康带来好处；矿泉水的成分必须稳定，而且在没有任何处理的情况下可以安全饮用。泉水也来源于天然的水源，但它的成分可能不同，使用前需要过滤或处理。

富含矿物质的
天然泉水

温泉的水
历史上，许多温泉都是在天然泉水周围发展起来的，那里的矿泉水一般认为对健康有益，无论是用来饮用还是洗澡。

水疗中心喷泉

瓶装水

瓶装水并不一定来自泉水或其他天然水源。许多瓶装水本质上是自来水，有些甚至没有经过任何方式的处理。瓶装水通常是用塑料瓶销售的，人们担心瓶装水的包装会对环境产生影响：塑料瓶子生产需要大量的能源和其他资源，而且它们也会产生大量的垃圾废弃物。

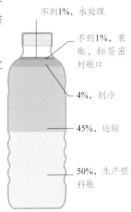

不到1%，水处理

不到1%，装瓶、标签密封瓶口

4%，制冷

45%，运输

50%，生产塑料瓶

瓶装水成本
瓶装水的成本只有一小部分用于处理和瓶装所消耗的能源。绝大多数成本用于制作瓶子和运输。

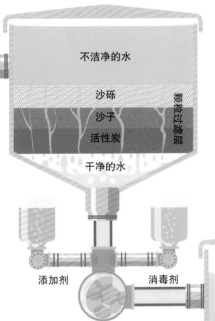

不洁净的水

沙砾

沙子

活性炭

干净的水

颗粒过滤层

4　过滤
水通过由粗到细的沙砾、沙子和活性炭组成的过滤层，清除残留颗粒和微生物。

5　消毒和储存
向水中添加化学物质，调节它的酸碱度，并杀死任何残留的微生物。然后将水储存起来，以供分配。

6　自来水供应
水通过管道输送给家庭和企业。通过铅管的水有时会加入添加剂来防止铅迁移到水中。

350亿个
仅在美国，每年被丢弃的塑料瓶数量约为350亿个。

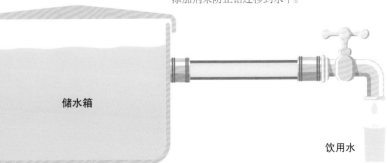

添加剂　　消毒剂

储水箱

饮用水

阿拉比卡和罗布斯塔咖啡有什么不同？

阿拉比卡有一种更精致、更甜的味道，比罗布斯塔生长更慢、价格更贵，它的咖啡因含量是后者的两倍。

从浆果到咖啡豆

咖啡是由咖啡属植物的咖啡豆经烘烤、磨碎而成的。这些灌木的浆果一旦成熟就被采摘下来，然后去除果肉，只留里面的咖啡豆。有时，浆果在去除果肉前会放在阳光下干燥、发酵；或者先去除大部分果肉，然后发酵咖啡豆。最后洗干净，晾干。

咖　　啡

在世界各地，每天会消耗掉超过20亿杯咖啡。咖啡因为具有刺激性、复杂的口感和芳香而备受欢迎。

1 收获
当咖啡树生长5年甚至更久时，它的浆果才可以收获。当浆果从绿变红即可采摘。

咖啡植株

2 加工
成熟的浆果经过加工处理，除去外层的果皮、果肉和银皮，最终得到的是绿色的咖啡豆。

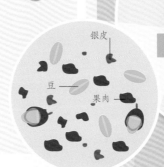

银皮

豆

果肉

咖啡豆加工

3 烤
绿色的咖啡豆被烘烤（通常是在一个大的桶里），然后散发出特有的咖啡香气和味道。

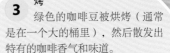

鼓烤

含有多少咖啡因？

尽管茶叶比咖啡豆含有更多的咖啡因（2%~3%对比1%~2%），但咖啡在泡制过程中释放的咖啡因的量远远高于茶。一杯普通的咖啡可能含有大约50~100毫克的咖啡因，而一杯茶的咖啡因含量为20~50毫克。不同的冲泡方法可以从根本上改变从研磨咖啡中提取到的咖啡因的量。

2015年生产了900万吨咖啡。

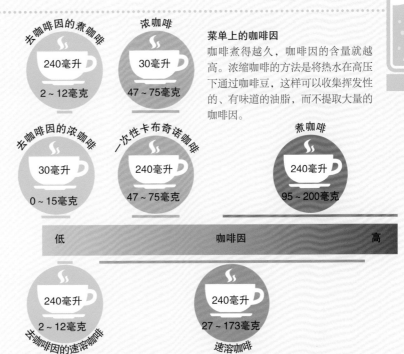

去咖啡因的煮咖啡
240毫升
2~12毫克

浓咖啡
30毫升
47~75毫克

菜单上的咖啡因
咖啡煮得越久，咖啡因的含量就越高。浓缩咖啡的方法是将热水在高压下通过咖啡豆，这样可以收集挥发性的、有味道的油脂，而不提取大量的咖啡因。

去咖啡因的浓咖啡
30毫升
0~15毫克

一次性卡布奇诺咖啡
240毫升
47~75毫克

煮咖啡
240毫升
95~200毫克

低　　　　咖啡因　　　　高

去咖啡因的速溶咖啡
240毫升
2~12毫克

速溶咖啡
240毫升
27~173毫克

咖啡因如何影响身体

咖啡因是世界上使用最广泛的精神活性物质。它最显著作用剂量是低到中等剂量（50~300毫克），建议每日摄入量不超过400毫克。咖啡因可以提高警觉性、精力和集中注意力，但过量摄入会有负面影响，如焦虑和失眠。

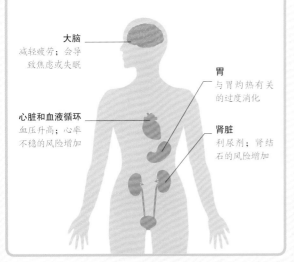

大脑
减轻疲劳；会导致焦虑或失眠

胃
与胃灼热有关的过度消化

心脏和血液循环
血压升高；心率不稳的风险增加

肾脏
利尿剂；肾结石的风险增加

速溶咖啡是如何制作的

速溶咖啡是已经煮过的咖啡干燥成的粉末，它可以简单地通过加水来重新冲泡。速溶咖啡的制作方法有两种：一种是把液体咖啡喷洒到热的、干燥的空气中，通过小喷头的液体咖啡会产生一种超细的薄雾，这种薄雾很快就干燥成粉末；另一种方法是将液态咖啡冷冻，然后冷冻干燥，水直接从冰变成气体。

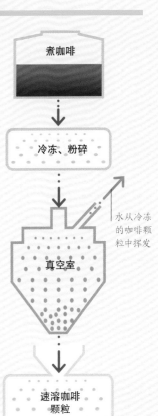

煮咖啡

冷冻、粉碎

真空室

水从冷冻的咖啡颗粒中挥发

速溶咖啡颗粒

冻干咖啡
所有类型的速溶咖啡在制造过程中都会失去味道和咖啡因，但是冻干咖啡保存了更多的芳香化合物。

茶

茶作为世界上最受欢迎的饮料，它有着丰富的历史，可以追溯到几千年前。茶具有丰富的营养物质，其种类繁多。

茶的品种
茶叶品种是由采摘时的成熟程度决定的，其加工的程度和持续时间也决定了茶叶品种。

白茶
嫩芽或嫩叶通过蒸煮使酶失活，阻止发酵，然后晾干。

绿茶
成熟的叶子经过蒸煮或炒制使酶失活，这样茶叶就不会发酵，然后卷曲、干燥。

黄茶
成熟的叶子经过炒制、轻卷和干燥，加热后部分发酵，然后再干燥。

红茶
一种完全发酵的茶，由成熟、枯萎、卷曲的叶子制成，在炒制和干燥前，它会发酵（或氧化）几小时。

乌龙茶
据说是半发酵的，这种茶是由干枯、成熟的叶子制成的，首先经过短时间的磨青和发酵，然后再烤干。

普洱茶
也被称为红茶，与黄茶类似，普洱茶在加热和轧制后被二次发酵，但发酵时间更长。

茶的咖啡因比咖啡少吗？

尽管茶叶中的咖啡因含量比咖啡要高，但通常来说，茶的咖啡因含量较少，每杯茶的咖啡因含量为50毫克，而一杯咖啡的咖啡因含量为175毫克。

凉茶

凉茶是由草药、香料或水果提取物在热水中制成的。为了将它与"真茶"区别开来，凉茶也可以被称为"汤药"。不管是热的还是冷的，凉茶不含咖啡因。

茶的类型

茶通常是由一种茶树干叶（茶树的变种，而不是花茶品种）冲泡而成的。成熟干叶直接制得的是绿茶。茶叶细胞中的酶释放可以制得颜色更深的茶，它将简单的酚转化为更复杂的物质——这个过程通常被错误地称为发酵。

38%
38%的茶是在中国种植的，中国是世界上最大的茶叶生产国。

茶里有什么?

　　绿茶中含有丰富的无色、苦而不涩的儿茶素。在红茶的制作过程中,酶在轧制过程中不断释放,大部分的儿茶素都被氧化为茶黄素,使红茶有轻微苦涩的味道。茶还含有咖啡因、茶氨酸、类黄酮、皂苷、维生素和矿物质。

绿茶
绿茶的颜色来自茶叶中的叶绿素。由于茶叶经过很少的加工,叶绿素可以被保留下来,而且也没有被深色的酚类化合物所掩盖。

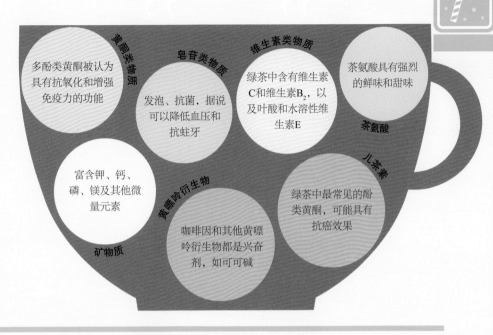

黄酮类物质
多酚类黄酮被认为具有抗氧化和增强免疫力的功能

皂苷类物质
发泡、抗菌,据说可以降低血压和抗蛀牙

维生素类物质
绿茶中含有维生素C和维生素B_2,以及叶酸和水溶性维生素E

茶氨酸
茶氨酸具有强烈的鲜味和甜味

矿物质
富含钾、钙、磷、镁及其他微量元素

黄嘌呤衍生物
咖啡因和其他黄嘌呤衍生物都是兴奋剂,如可可碱

儿茶素
绿茶中最常见的酚类黄酮,可能具有抗癌效果

水、浸泡时间和温度

　　泡茶是一门艺术,也是一门科学。最终的茶水应该是略带酸性的,它的pH值接近5,所以最好使用含有适量矿物质的中性水。在许多地区,矿泉水可能比自来水更合适泡茶。使用泡茶的水温较高时,比较大的风味化合物逐渐出来。在绿茶中,水温比较低,这就限制了苦涩化合物的提出。

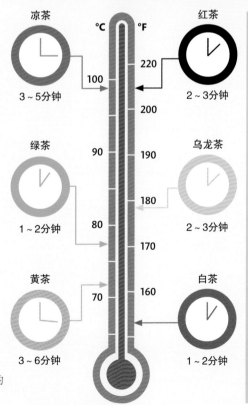

凉茶
3~5分钟

红茶
2~3分钟

绿茶
1~2分钟

乌龙茶
2~3分钟

黄茶
3~6分钟

白茶
1~2分钟

℃　°F
220
100
200
90　190
180
80　170
70　160

最佳条件
不同类型的茶最好使用不同的水温和泡制时间。

降温

　　热饮通过增加出汗量帮助你在炎热的天气里降温。虽然热饮升高了体内温度,但净效应是热量损失。

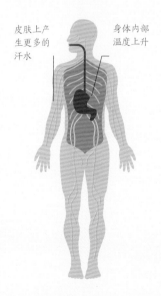

皮肤上产生更多的汗水

身体内部温度上升

果汁与思暮雪

　　将食物中健康的成分提取出来并混合，使其容易食用，这已成为流行的饮食方式之一。果汁和思暮雪尽管有很多值得推荐的地方，但这种宣传掩盖了一些潜在的负面因素。

水果、蔬菜和果汁对比

　　虽然果汁经常被吹捧说可以提供水果和蔬菜的健康益处，但事实上，果汁与生产它们的食物有很大的不同。果汁不仅去除了水果和蔬菜的不溶性纤维，还去除了可以对牙齿进行清洁的组织结构。在果汁中，大量水果中所含的糖分被浓缩到一个小得多的体积内，从而导致果汁的含糖量很高。饮用时，这些糖会被释放出来，并立即被口腔中的细菌利用，从而导致蛀牙。

固体还是液体？
一小杯橙汁中含有3个中等大小橙子中几乎所有的果糖，这比大多数人每次吃的橘子还要多。此外，橙汁中只含有非常少的纤维。

图注

直接吃水果的量

一杯果汁中水果含量

糖（克）

鲜榨果汁比浓缩果汁好吗？

浓缩果汁和鲜榨果汁的营养价值没有差异。然而，如果浓缩果汁添加了糖，就会增加热量摄入和蛀牙的风险。

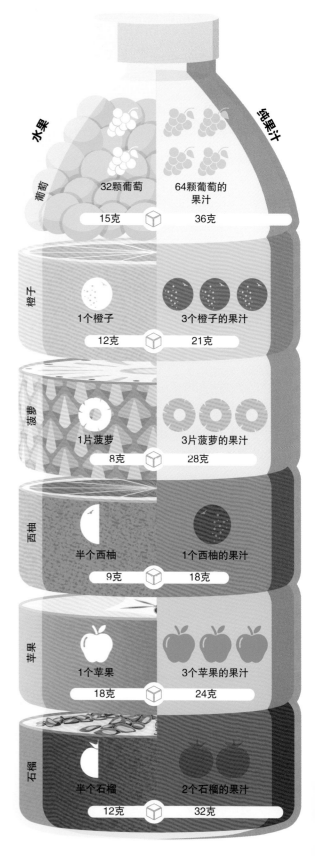

水果　　　　　　　　　　　纯果汁

葡萄
32颗葡萄 — 15克
64颗葡萄的果汁 — 36克

橙子
1个橙子 — 12克
3个橙子的果汁 — 21克

菠萝
1片菠萝 — 8克
3片菠萝的果汁 — 28克

西柚
半个西柚 — 9克
1个西柚的果汁 — 18克

苹果
1个苹果 — 18克
3个苹果的果汁 — 24克

石榴
半个石榴 — 12克
2个石榴的果汁 — 32克

更多的硝酸盐
蔬菜思暮雪富含硝酸盐，可以帮助血管扩张，降低血压。

糖飙升
混合成分增加了思暮雪的血糖指数，这意味着身体更快地吸收糖。在思暮雪中加入绿色蔬菜可以减少糖。

更多的水果和蔬菜
思暮雪可以帮助我们达到每天食用5种水果和蔬菜的目标，但这最好是作为一种辅食，而不是取代整餐。

优点

思暮雪

思暮雪把食物的全部成分都混在一起，通常被认为是健康食品，这是因为思暮雪与果汁不同，它们保留了全部的食物纤维。事实上，思暮雪的营养同样有优点和缺点。一方面，思暮雪可以增加水果和蔬菜的摄入量，混合有助于分解细胞壁，释放更多的营养。另一方面，思暮雪能导致大量糖的快速摄入。商店购买的思暮雪甚至额外添加了糖。

缺点

蛀牙
大量的水果糖和缺乏有益的组织结构会增加蛀牙的风险。用清水漱口可以避免这种情况。

更多的植物化学物质
在思暮雪中使用全水果和蔬菜有助于提高纤维和植物化学物质的摄入量。

思暮雪口感
思暮雪的缺点可以通过不同的制造方式来抵消。增加蔬菜，如菠菜或芹菜，不仅能突出好处，还能降低血糖。

肾结石
蔬菜思暮雪富含草酸化合物，它可以增加肾结石形成的风险。

果汁对比碳酸饮料

果汁可能不比普通碳酸饮料或功能饮料更健康。它们有相当高的含糖量，可以使每天的糖摄取量达到导致肥胖和糖尿病的水平，尤其是对于儿童。

含糖饮料
功能饮料可以含有惊人数量的糖，一罐普通的可乐大约有7勺糖，而橙汁的含糖量也没少很多。

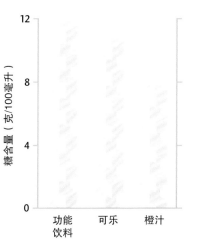

（纵轴）糖含量（克/100毫升）
12
8
4
0

功能饮料　可乐　橙汁

混合汤

至少有一项研究支持了这样一种说法，即汤能比固体食物更能填饱肚子。这意味着汤在胃里停留的时间更长，抑制了胃饥饿素（一种饥饿激素）的释放，从而抑制食欲。

碳酸饮料

许多人喜欢把碳酸饮料作为他们日常饮食的一部分。尽管它们大多是水，但也含有大量的糖，并与许多健康问题有关系。

碳酸饮料里有什么？

一般来说，碳酸饮料开始是糖和水的"简单糖浆"，然后按照特定顺序添加其他成分，得到所谓的"成品糖浆"。然后加水稀释，加二氧化碳，瓶装（或罐装）。对于一些瓶装饮料，加二氧化碳过程是在装瓶之前、密封之前完成的。

承压

饮料中加入的泡沫是通过在高压下向饮料中加入二氧化碳气体来实现的，这样二氧化碳就会溶解在饮料中。当压力释放后，二氧化碳又形成气泡逸出。

含有气泡
饮料中由于受到压力仍然溶解在饮料中。
二氧化碳由于受到压力仍然溶解在饮料中。一些溶解的二氧化碳会形成碳酸。

瓶盖维持压力，使二氧化碳溶在其中

图注
二氧化碳
水

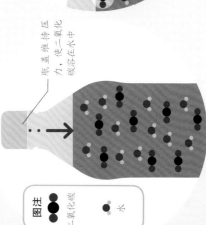

感觉气泡
打开瓶子释放压力时，二氧化碳再次变成气体。液体中的碳酸会产生"尖锐"的味道。

当瓶子打开时，二氧化碳会形成气泡
二氧化碳气泡在舌头上爆裂
舌头

添加剂

碳酸饮料中的添加剂主要是色素和香精，还有增加"头锐"口感的酸（柠檬酸和磷酸）、防腐剂、乳化剂和抗氧化剂。

添加剂 3%

 抗氧化剂
 防腐剂
 色素
 香精
 酸
 乳化剂

糖 7%~12%

糖
普通的碳酸饮料含有高达12%的糖。在330毫升的普通汽水中，这相当于9茶匙的糖。在无糖汽水中，部分或所有的糖被放甜味剂取代。

水 85%

水

水是碳酸饮料的主要组成部分。通常由自来水供应，在添加糖和添加剂之前，水经过过滤和处理以除去固体颗粒和微生物。在这之后，液体开始充入二氧化碳气体。

超大杯饮料

在20世纪70年代，廉价糖替代品的引入导致了超大杯饮料的发展。以前，饮料是装在190毫升的瓶中，但现在的标准是330毫升；因此，人们通常从饮料中摄入的热量比从吃的食物里要多得多。

黄油不计入热量

电影院里的杯大致相当于三个标准罐

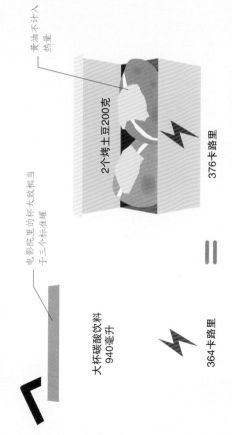

2个烤土豆200克

大杯碳酸饮料 940毫升

364卡路里

376卡路里

运送碳酸饮料的卡车必须贴上高腐蚀性物质的危险警告标志。

腐烂的牙齿

碳酸饮料中不仅是糖对人体有害，还含有三种酸——柠檬酸、碳酸和磷酸。它们的平均pH值为2.5，比胃酸略强。这些酸会腐蚀牙齿的珐琅质，使它们暴露在微生物攻击下，最终腐烂。

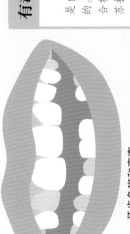

牙齿色斑和衰变
汽水中的糖会导致斑块的形成，从而导致色斑和腐烂。

有毒的补品

碳酸饮料开始是作为健康的补品，这是由于人们普遍相信碳酸矿泉水是健康的。可乐饮料最初是葡萄酒和可卡因的混合物，直到1886年的禁酒时期，葡萄酒被苏打水取代。可卡因一直使用到1904年，它的副作用才成为人们关注的焦点。

功能饮料

生产商的宣传推动了功能饮料市场的爆炸式增长。他们将功能饮料定位成饮料和营养补充剂之间的交叉点，用来支持他们的吹嘘。

功能饮料的类型

功能饮料是声称能提高能量水平的软饮料。它们通常含有高浓度的咖啡因和糖，也可能含有电解质（矿物质，如钠，通常溶解在血液中）。许多特征氨基酸、草药提取物或其他成分都声称对健康有益处。功能饮料市场现在已经多样化，产品包括无糖型、浓缩型的注射剂和凝胶。功能饮料和酒精一起饮用会增加过度沉迷和脱水的风险。

瓜拉那种子的咖啡因含量是咖啡豆的两倍。

蛋白质奶昔能代替食物吗?

作为均衡饮食的一部分，蛋白质奶昔可以作为一种有效的膳食替代品，但它们缺乏完整的膳食所含的必需维生素和矿物质。

判决结果

功能饮料富含咖啡因和糖，它们不受管制。每罐功能饮料可以含有200毫克或更多的咖啡因（一杯非常浓的咖啡可能含有180毫克咖啡因），而且可能含有多达400卡路里的热量。

功能饮料

主要成分:

- 兴奋剂
- 糖
- 水

效果和缺点

功能饮料中的单糖可以立即增加血糖水平，咖啡因可以掩盖疲劳的感觉，但任何提高能量的作用都是短暂的，并会迅速衰退。其负面影响会引起体重增加、头痛和焦虑。

真的有好处吗?

针对运动前、中、后期，不同设计的运动饮料的电解质含量不同。然而，除了耐力运动员以外，人体的电解质含量不可能达到很低水平，存储的能量也不可能耗光，所以运动饮料的效果很少比水表现得更好。

运动饮料

主要成分:

- 电解质
- 糖
- 水

宣称的好处

运动饮料宣称可以补充汗水中流失的电解质以及长时间锻炼消耗的能量储备，提高耐力，防止运动员耗尽他们的碳水化合物能量储备。

刺激身体

　　功能饮料通常含有咖啡因、牛磺酸、瓜拉那、麻黄碱（一些国家限制使用）或人参，这些都是兴奋剂。咖啡因的作用是刺激肾上腺素释放，并阻断腺苷产生的"疲劳"信号，腺苷是一种身体新陈代谢释放能量时产生的化学物质。麻黄素也是一种兴奋剂，但有危险的副作用，包括高血压和心律不齐。

瓜拉那

瓜拉那植物的种子含有比咖啡豆更多的咖啡因，但释放得更缓慢。它们也含有心脏兴奋剂可可碱和茶碱。

咖啡因和运动

　　咖啡因可以增加肌肉耐力，加速体内存储能量的碳水化合物糖原的产生。高水平肾上腺素能促进血液流向心脏和肌肉，刺激能量产生。肾上腺素也能降低疼痛感和疲劳感。

大脑

心脏

肌肉

它们有效吗？

蛋白质奶昔可以增强肌肉力量，它可以提供增强肌肉所需的氨基酸。在现实生活中，只有高水平的健美运动员才需要在饮食之外获取更多的蛋白质。过多的蛋白质可能会导致肾脏损伤和骨质流失。

蛋白奶昔

主要成分：

🧬 蛋白粉

👥 香精

📦 甜味剂

提供什么

蛋白质奶昔是富含蛋白质的饮料，蛋白质通常来自乳清（奶酪制作后留下的牛奶蛋白），也来自牛奶、大豆、鸡蛋、大麻、大米和豌豆的酪蛋白。它们的热量很高。

结论

和运动饮料一样，除了耐力运动员，如马拉松选手，能量胶不可能对任何人都有好处。对于其他人来说，他们提供的热量会造成体重增加和患糖尿病风险。

能量胶

主要成分：

⊕ 电解质

🔘 氨基酸

🔧 添加剂

产品解析

高度浓缩的糖浆凝胶，是高便携的能量补充剂，主要用于那些需要减少携带重量的耐力运动员。它们也可能含有咖啡因和其他兴奋剂。

酒精

所有含酒精的饮料都含有乙醇——一种最简单的酒精的化学名称。大多数种类的酒精是由发酵谷物（啤酒，见第172~173页）或葡萄（葡萄酒，见第170~171页）制成的。更纯的酒精是通过蒸馏产生的。

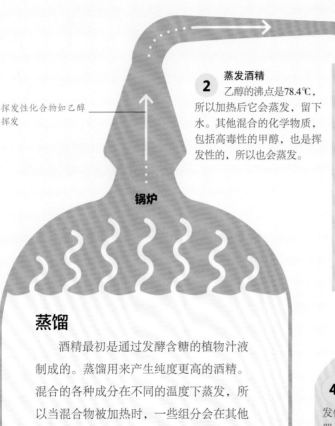

挥发性化合物如乙醇挥发

锅炉

2 蒸发酒精
乙醇的沸点是78.4℃，所以加热后它会蒸发，留下水。其他混合的化学物质，包括高毒性的甲醇，也是挥发性的，所以也会蒸发。

蒸馏

酒精最初是通过发酵含糖的植物汁液制成的。蒸馏用来产生纯度更高的酒精。混合的各种成分在不同的温度下蒸发，所以当混合物被加热时，一些组分会在其他组分前后蒸发。如果这些组分能被单独收集和浓缩，就有可能获得纯度为95%~98%的酒精。

1 加热发酵
葡萄（用来生产白兰地）或谷物（用来酿造威士忌）首先发酵产生酒精。发酵完成后，发酵物在蒸馏装置内加热。

酒精是毒药吗?

当量足够大时，酒精会减缓大脑的功能、刺激胃、使人脱水、降低体温和血糖水平，所以，酒精是一种毒药。

3 冷凝
在蒸馏过程中，不同的组分随着蒸发通过一个冷却管道系统而凝结。

冷却管

冷凝器

馏分收集

甲醇
甲醇是最轻的醇，首先被蒸馏出，通常被丢弃，因为它有毒。

乙醇
所有含酒精饮料中的酒精成分。

丁醇
丁醇给人一种油的感觉，因为它的结构与脂肪酸相似。

4 馏分
一些较轻的易挥发化合物首先通过冷凝器，它们必须抽出并丢弃。在少量情况下，这些挥发物会有香味。蒸馏物稀释后用于消费（见第166~167页）。

收集容器

每次喝多少?

关于适度饮酒的准则，特别是标准饮用量是多少，不同国家有不同的标准。在美国，一次标准饮用量含有14克酒精，而在奥地利是6克，在日本是19.75克。在英国，官方指南指的是1个单位（1个单位大约是8克酒精）。

卡路里含量

每克酒精含有7卡路里的热量，几乎和纯脂肪一样多。大多数酒精饮料都含有糖分，这也增加了卡路里的含量。下面的饮料中均含有14克的酒精——美国标准摄入量。

纯酒精

啤酒中的许多热量来自未发酵的糖

355毫升
5%的酒精
155卡路里

啤酒

44毫升
40%的酒精 95卡路里

烈酒

红酒可以达到16%的酒精，甚至更多的热量

150毫升
12%的酒精
125卡路里

酒精和热量含量取决于酒精与混合物的比例

192毫升
5%的酒精
150卡路里

葡萄酒

调和酒

酒精是健康的吗?

关于酒精和健康的关系有一个悖论。酒精增加了肝脏疾病和一系列癌症的风险，但一些研究表明适度饮酒和改善心脏健康之间存在相关性。有些专家对此持怀疑态度，另一些人则指出抗氧化剂或氮氧化合物对促进血液流动有积极作用。酒精甚至与减少焦虑和增强社交能力有联系。

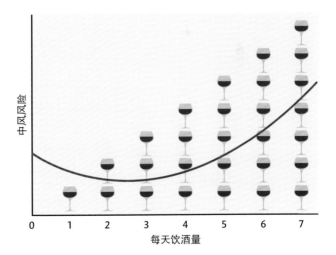

中风风险

0　1　2　3　4　5　6　7
每天饮酒量

中风

少量的酒精可能对心脏起保护作用。2007年的一项研究显示，中风的风险（紫色线）与酒精摄入量有关，适度的饮酒具有保护作用。然而，最近的其他研究对此产生了怀疑。

适量饮酒可降低中风风险。

烈　酒

自从古代和中世纪的先驱者首次运用蒸馏技术，烈酒的生产就被认为是一种可以将基本成分转化为浓缩酒精的炼金术。

烈酒或利口酒吗？

烈酒是由发酵的麦芽糖浆蒸馏制成的酒精产品（见第164页）。相比于啤酒的酒精含量只有3%（酒精度），烈酒的酒精含量超过20%，一般至少为40%。利口酒是一种加糖的烈酒，通常味道浓郁。

受欢迎的烈酒
各种烈酒的不同取决于其原始的发酵糖的来源，以及在稀释之前蒸馏液的纯度。蒸馏液中的有色杂质提供了香味。

 酒精是全球5%的癌症发病的病因。

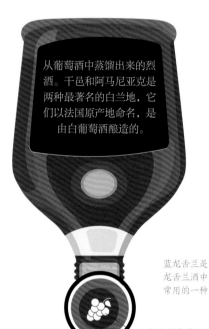

从葡萄酒中蒸馏出来的烈酒。干邑和阿马尼亚克是两种最著名的白兰地，它们以法国原产地命名，是由白葡萄酒酿造的。

发酵的葡萄汁经蒸馏得到白兰地

白兰地

由富含果糖（水果糖）和菊糖的龙舌兰草心（一种仙人掌）发酵、蒸馏而成。菊糖是一种难以消化的果糖链，通过蒸煮或烤龙舌兰草心来分解。

蓝龙舌兰是龙舌兰酒中常用的一种

龙舌兰酒

喝酒的危害

尽管一些数据显示每天喝一两杯酒有益于心脏健康（见第165页），但即使是适量饮酒也可能导致癌症。酒精与9种癌症有关，包括口腔、咽喉、肝脏、乳房和肠道癌症等。引发癌症的主要的怀疑对象是乙醛，它是一种酒精的分解产物。

口腔癌症
口腔癌病例随酒精摄入量而增加（1单位=10毫升纯酒精，或一次适度饮酒）。当涉及癌症时，没有安全的饮酒限制。

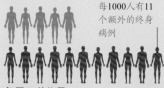

一个个例

不喝酒　　每周10.5单位量

每1000人有3个额外的终身病例

每周22单位量

每1000人有11个额外的终身病例

每周44单位量

烈酒比葡萄酒和啤酒危害更大吗？

所有形式的酒精产品都是有害的，它们在肝脏中被分解为有毒物质。烈酒与口腔癌症有更密切的联系，尤其是对于吸烟者。

伏特加通常由最便宜的淀粉来源制成，包括谷物、土豆和甜菜。淀粉来源不那么重要，因为伏特加被蒸馏到很高的纯度，去除了大部分的芳香化合物。

一些特殊、传统的伏特加仍然由发酵的土豆制成

大多数伏特加是用谷物制成的

伏特加

威士忌实际上是由啤酒酿造而成的，但没有啤酒花，因为它是从发酵的谷物中蒸馏出来的，谷物主要是大麦、玉米、黑麦或小麦。啤酒的老化决定了最终的口感。

大麦麦芽（已经发芽并开始释放麦芽糖的大麦）是许多威士忌的起点

威士忌

朗姆酒来源于加勒比海的食糖工业副产品，它是从发酵的糖蜜中蒸馏出来的。白朗姆酒纯度很高，深色的朗姆酒保留了更多的香味。

甘蔗汁是朗姆酒糖蜜的来源

朗姆酒

酒精滥用

酒精和它的分解产物（如乙醛）对身体的许多不同器官和组织都是有毒的。长期过度使用酒精超过十年或更久会损害身体的大部分组织系统，严重增加患癌症（见背面）、肝病、中风、心脏病、脑损伤、神经损伤、抑郁症、癫痫、痛风、胰腺炎和贫血的风险。总之，超过60种疾病都与滥用酒精有关。

肝硬化

纤维疤痕组织块

肝损伤
酒精性肝硬化是酒精分解产物损害肝脏造成的，再生的疤痕组织和脂肪沉积限制了肝脏的功能。肝硬化是致命的。

利用密度

酒精含量最高的酒浮在水面上，因为水的密度比乙醇的密度更大。然而，较重的成分，如咖啡，使大多数饮料比水重，沉在水下面。熟练的调酒师可以利用不同密度的饮料制作出分层鸡尾酒。

橘味白酒

爱尔兰奶油甜酒

咖啡甜酒

B-52鸡尾酒

酒精与身体

　　不像大多数食物和饮料，酒精进入人体之后，它在几分钟内被血液吸收。肝脏处理一个单位的酒精需要约一个小时，将其形成一种高毒化合物，然后分解、排泄。

酒精对身体的影响

　　当酒精进入胃部时，大约**20%**直接进入血液。它很快就被转移到肝脏、大脑和胰腺，然后开始分解。其余的酒精都是通过肠道吸收。酒精首先分解为乙醛，然后是乙酸，最终分解为二氧化碳和水排出。乙醛具有很高的毒性，会对细胞造成损害，尤其是肝脏细胞，可能会造成不可修复的损伤。

基因和酒精

　　一些少数民族的基因变异可以延长乙醛在体内的持续时间，这可能会引起恶心和脸红，但也可能促使他们戒酒。基因对一个人是否会成为酒鬼也有影响。

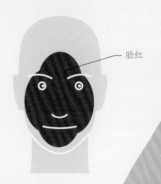

脸红

嘴

胃

血液循环系统

肝

摄入
与烈性酒接触会破坏口腔、咽喉和食道的细胞，促进癌变，尤其对于吸烟者。

胃不舒服
酒精刺激胃产生大量的胃酸，这些胃酸会刺激胃的内壁，随着时间的推移导致胃溃疡。

温暖的感觉
酒精使血管扩张，使你感到温暖。它也会导致血压和脉搏的暂时下降，毛细血管破裂。

脂肪肝
频繁饮酒会导致肝细胞炎症和瘢痕组织生长。脂肪沉积在肝细胞之间，使肝脏难以正常工作。

酒精的影响
酒精是一种精神药物。在小剂量时，它起到镇静剂的作用，能减少抑郁和焦虑，产生愉悦感。高剂量情况下，它会导致中毒、昏迷和休克。

身体分解一大杯葡萄酒里的酒精大约需要3小时。

0.03克/毫升血液
心情好转、压抑消
失、感到愉快

0.08克/毫升血液
判断、视觉、平衡和
言语开始受到影响

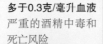

0.2克/毫升血液
丧失运动和思考
能力

多于0.3克/毫升血液
严重的酒精中毒和
死亡风险

0   0.1   0.2   0.3

手眼协调能
力受到影响

0.12克/毫升血液
身体协调和判断力出问题

0.3克/毫升血液
可能会休克，需要住院治疗

血液酒精含量
喝酒后，血液中的酒精浓度会上升，身体运动
和思考能力逐渐丧失。

酒精—反弹

　　宿醉只在所有的酒精代谢后才
开始，典型的症状包括疲倦、头
晕、恶心、头痛，而且可以持续24
小时。人们常常把造成宿醉的原因
归为脱水，但真正的罪
魁祸首是发酵过程中
产生的酒精同系物，
这些同系物使酒具有
不同的颜色和香味。
一些专家还提出了另
外的理论，即宿醉可
能是由于免疫系统的
反应导致的。

高

宿醉的严重性

朗姆酒
威士忌
白葡萄酒
金酒
伏特加
啤酒

低

肾脏

大脑

肺

脱水
摄入的酒精在20分钟内就会
增加尿量，过量饮酒会导致
口渴和脱水。

大脑罢工
大脑会分解部分酒精并立即受
到影响，使其对精神和身体
功能的控制变得越来越困难。

呼吸的风险
饮酒会增加吸入呕吐物的风险，
也会影响一氧化氮水平，这两者
都会使肺部更容易受到感染。

酗酒
过度饮酒会使一个社交饮
酒者成为一个酒鬼。身
体对酒精产生了生理上的
耐受性，在心理上很难戒
酒。戒酒产生的戒断症状
和饮酒一样糟糕。

为什么香槟
让你喝得那么快?

香槟里的气泡可以帮助身
体更快地吸收酒精进入血
液，就像碳酸饮料和烈酒
的混合物一样。

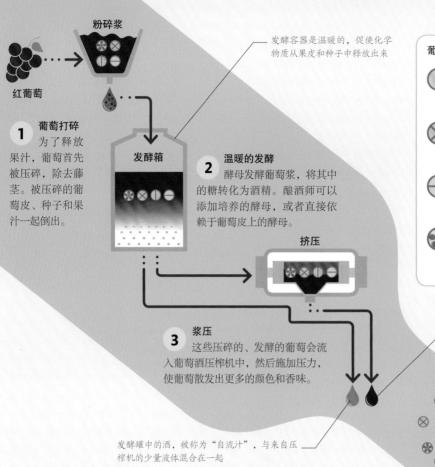

粉碎浆

红葡萄

发酵容器是温暖的，促使化学
物质从果皮和种子中释放出来

1 葡萄打碎
为了释放
果汁，葡萄首先
被压碎，除去藤
茎。被压碎的葡
萄皮、种子和果
汁一起倒出。

发酵箱

2 温暖的发酵
酵母发酵葡萄浆，将其中
的糖转化为酒精。酿酒师可以
添加培养的酵母，或者直接依
赖于葡萄皮上的酵母。

挤压

3 浆压
这些压碎的、发酵的葡萄会流
入葡萄酒压榨机中，然后施加压力，
使葡萄散发出更多的颜色和香味。

颜色更深的压榨汁从压榨机中流
出，加到自流汁中，以增强外观和
味道

发酵罐中的酒，被称为"自流汁"，与来自压
榨机的少量液体混合在一起

葡萄酒中的化学物质

原花青素类物质
一种使短年份的红酒变得更苦的单
宁，原花青素可以作用于动脉，以改
善心血管健康。

白藜芦醇
这种植物化学物质有助于降低啮齿动
物的血糖并对抗癌症（高剂量）。

黄酮醇
虽然红酒中的剂量很低，但在动物身
上有抗氧化和抗癌作用。

花青素
人体中这些抗氧化剂代谢很快，所以
若要起作用，它们必须有一定的含量。

红酒对你有好处吗？

20世纪90年代，适度饮酒对健康有益的说法达到了巅峰。当时，美国记者
注意到，法国人比其他高脂肪饮食国家（如英国和美国）的人寿命更长，更少
受冠心病的影响。最终原因归到了红酒上，因为不像白葡萄酒，红酒是由整个
葡萄发酵而成的，包括果皮和其他所有的东西，并包含一系列的化学物质，如
单宁、黄酮类和被称为花青素的色素。科学家们仍在研究红酒中许多物质的治
疗作用。

葡萄酒

近几十年来，葡萄酒因其对健康的潜在益处而得到宣传。一些
专家称每天一杯红酒可以降低心脏病和其他心血管疾病的风险。那
么，什么是健康的葡萄酒？红酒更好吗？

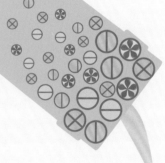

秘密成分
红酒中含有葡萄皮和葡萄籽的
提取物。目前还不清楚哪些物
质（如果有的话）对人类健康
有什么益处。一种叫作白藜芦
醇的化学物质在实验鼠身上表
现出一系列的益处，但只有在
大剂量时才有这些益处，这种
量不可能通过喝酒达到。在高
单宁的葡萄酒中，原花青素可
能对我们更有益处。

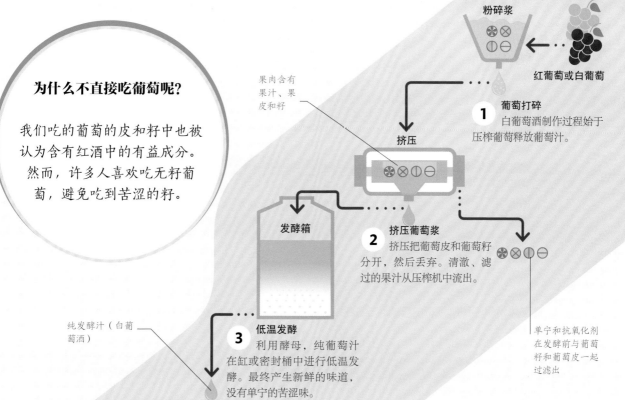

为什么不直接吃葡萄呢？

我们吃的葡萄的皮和籽中也被认为含有红酒中的有益成分。然而，许多人喜欢吃无籽葡萄，避免吃到苦涩的籽。

粉碎浆

红葡萄或白葡萄

果肉含有果汁、果皮和籽

挤压

1 葡萄打碎
白葡萄酒制作过程始于压榨葡萄释放葡萄汁。

发酵箱

2 挤压葡萄浆
挤压把葡萄皮和葡萄籽分开，然后丢弃。清澈、滤过的果汁从压榨机中流出。

单宁和抗氧化剂在发酵前与葡萄籽和葡萄皮一起过滤出

纯发酵汁（白葡萄酒）

3 低温发酵
利用酵母，纯葡萄汁在缸或密封桶中进行低温发酵。最终产生新鲜的味道，没有单宁的苦涩味。

 酒是**最古老的医学食谱**里的一种，记录在公元前2200年的埃及纸莎草制作的纸上。

一些你喜欢的
对于白葡萄酒，葡萄皮和葡萄籽在发酵前被去除，所以它缺乏红酒所含的植物化学物质。然而，专家们发现，红酒对健康的好处可能被夸大了，但奇怪的是，一些研究发现酒中的酒精确实有益健康（见第166～167页）。如果这种发现是真的，每天喝一杯白葡萄酒同样有益于身体健康。

只是一杯

葡萄酒的测量方法各不相同，而且跟随流行趋势而变，所以很难知道你是否喝得适量。一大杯红酒大约是750毫升瓶的1/3，其中的糖和酒精大概含有200卡路里或者更多的热量。近年来，葡萄酒中酒精含量有所增加，这是由于现代化生产促使水果留在藤蔓上时间更长、变得更甜，从而导致葡萄酒中含有更多的酒精和更多的热量。

125卡路里
150毫升

200卡路里
250毫升

600卡路里
750毫升

啤　酒

　　啤酒可能是人类发明的第一个酒精饮料，也是世界上生产和饮用得最广泛的酒精饮料。随处可得的各种各样的啤酒也反映了这一点。

酿造

　　酿造主要是利用谷物中的糖。它通常是始于谷物发芽，将储存的淀粉转化成糖或麦芽糖。然后向谷物底物中加入香料，如啤酒花（能产生苦涩或愉快的味道），随后利用酵母发酵。成品啤酒可以利用一些酵母在酒桶里继续发酵，或者装在不含酵母的瓶子里储存。

为什么啤酒会装在有颜色的瓶子里？

深色或带颜色的玻璃会阻挡紫外线，防止啤酒变质。这个过程被称为"光击"。

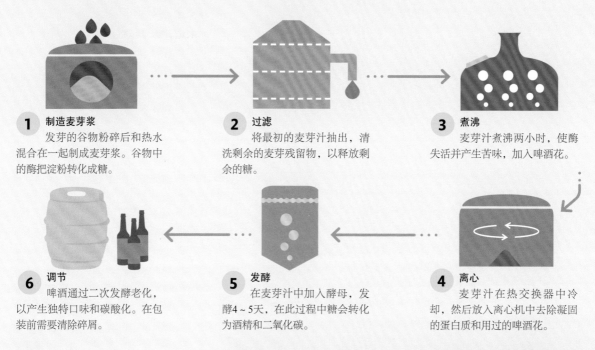

1 制造麦芽浆
发芽的谷物粉碎后和热水混合在一起制成麦芽浆。谷物中的酶把淀粉转化成糖。

2 过滤
将最初的麦芽汁抽出，清洗剩余的麦芽残留物，以释放剩余的糖。

3 煮沸
麦芽汁煮沸两小时，使酶失活并产生苦味，加入啤酒花。

6 调节
啤酒通过二次发酵老化，以产生独特口味和碳酸化。在包装前需要清除碎屑。

5 发酵
在麦芽汁中加入酵母，发酵4～5天，在此过程中糖会转化为酒精和二氧化碳。

4 离心
麦芽汁在热交换器中冷却，然后放入离心机中去除凝固的蛋白质和用过的啤酒花。

2014年，地球上啤酒产量为人均35升。

啤酒肚

　　尽管啤酒中含有抗氧化剂、B族维生素和矿物质，但由于它的糖分和酒精含量很高，热量含量也很高，而且经常与高脂肪食物一起食用，从而导致体重增加。

啤酒的主要品种

西式啤酒主要分为两种：艾尔啤酒和拉格啤酒。艾尔啤酒是酵母在顶部发酵而成，而拉格啤酒则在底部发酵。顶部发酵的速度更快，结果更有颜色、风味和水果味。

淡拉格啤酒

淡拉格啤酒使用更少的麦芽来酿造，由于发酵过程中转化了更多的糖，它的酒精含量与其他啤酒相当，但它热量较少，味道更浅。

拉格啤酒

拉格啤酒是在低温下底部发酵，最初贮藏在凉爽的酒窖里（"拉格"在德语中是"贮藏"的意思）。拉格是一种清澈、口感清爽的啤酒，大约含有4% ~ 5%的酒精。

小麦啤酒

小麦啤酒通常被称为"白啤酒"，它是顶部发酵啤酒，与其他啤酒使用大麦相比，它使用的小麦比例很高，而且往往更容易发泡、更黑、更酸、更有水果味。

艾尔啤酒

艾尔啤酒是顶部发酵的，带有浓郁的水果味，色彩丰富。虽然艾尔啤酒的味道更浓，但它们与拉格啤酒的酒精含量相当。

黑啤酒

黑啤酒是艾尔啤酒的一种，在这种啤酒中，未发芽的大麦有时可以提供更深的棕色和更浓郁的口感。黑啤以其颜色深和有泡沫而闻名，它的酒精含量为3% ~ 6%。

啤酒的类型

啤酒已经存在了很长时间，世界各地也出现了许多不同种类的啤酒和酿造方法。酿酒师经常使用主要的农作物来酿造啤酒，如欧洲和北美的啤酒是用大麦或小麦酿制的；许多非洲和亚洲的人用小米、高粱或大米酿造啤酒。在南美和非洲的一些地区，酿酒师使用玉米或木薯酿造啤酒时，经常使用自己的唾液酶来辅助酿造，这个过程可以通过咀嚼农作物来实现。

产生泡沫

泡沫有助于释放啤酒的香气和味道。啤酒之所以会产生泡沫，是因为它经过了碳酸化且有相对较高的蛋白质含量，蛋白质可以有效地防止气泡爆裂。泡沫的产生和保留取决于许多因素，比如啤酒的酸度和酒精含量，甚至是使用的玻璃杯类型。

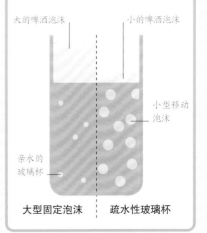

大的啤酒泡沫	小的啤酒泡沫
	小型移动泡沫
亲水的玻璃杯	
大型固定泡沫	**疏水性玻璃杯**

饮　食

均衡饮食

我们都知道，我们需要健康、均衡的饮食，但这到底意味着什么呢？事实证明，世界各地的膳食指南都是不同的。

政府的膳食指南

许多国家的政府都提供膳食指南，帮助他们的人民做出好的食物选择。这些指南都是基于科学研究的，但在每个国家都有各自的、可实现的膳食指南。毕竟，推荐一种与全国平均水平截然不同的膳食指南几乎没有什么意义，甚至没有人试图坚持下去。虽然大多数国家的膳食指南都是以全谷物和大量的水果蔬菜为主，外加少量的糖、盐和脂肪，但各国的膳食指南各不相同。有些指南给出了更精确的蛋白质获取来源的建议，而建议的乳制品比例也有很大的差异。

豌豆类、干豆类和鱼都是蛋白质的来源

油

乳制品

粗粮、谷物、块茎和豆类

英国
淀粉类碳水化合物、水果和蔬菜应该是摄入食物的主要部分，外加少量的蛋白质和奶制品。含糖食物摄入过少意味着他们的饮食不健康。

水果和蔬菜

建议每天吃五份水果和蔬菜

美国的膳食指南建议每天摄入少于10茶匙的糖，而不是现在的22茶匙。

水的摄入
英国的膳食指南建议每人每天喝6~8杯水。水、茶、咖啡、牛奶和无糖饮料都计入在内。果汁因含糖量高，每天只能喝一小杯。

当能量不足时，糖和油是不错的建议

糖

油

粗粮、谷物、块茎和其他豆类

乳制品

水果

豌豆类、干豆

肉/鱼

印度
印度的膳食指南建议以谷物、乳制品和蔬菜为主。大部分的蛋白质来自豆类，少量来自肉类。食物多样性在印度饮食中很重要。

蔬菜

建议食用本土或当地种植的蔬菜

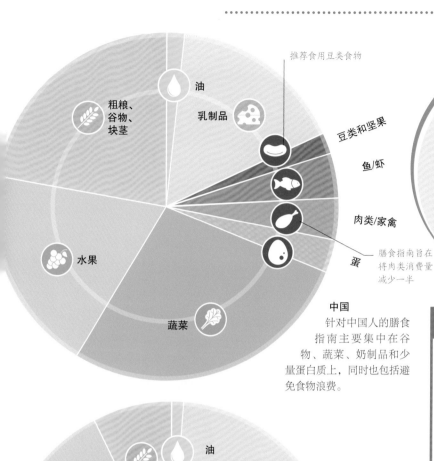

推荐食用豆类食物

油

乳制品

豆类和坚果

鱼/虾

肉类/家禽

蛋

膳食指南旨在
将肉类消费量
减少一半

粗粮、谷物、块茎

水果

蔬菜

中国
针对中国人的膳食
指南主要集中在谷
物、蔬菜、奶制品和少
量蛋白质上，同时也包括避
免食物浪费。

指南是为谁而设定的?

除了幼儿，指南中的食物比
例适用于所有人，但摄入的
总热量应该根据年龄、性别
和活动量而变化。

图形指南

许多国家使用金字塔图形来表
示主要食物种类的推荐比例。韩
国、日本等国家也提醒人们，体育
锻炼是良好饮食的必要补充。

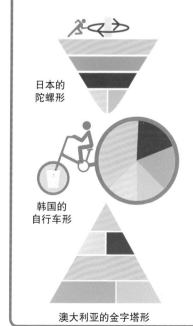

日本的
陀螺形

韩国的
自行车形

澳大利亚的金字塔形

油

粗粮、谷物、块茎
和其他豆类

乳制品

水果

蔬菜

蛋白质

美国的膳食推
荐摄入相当大
比例的乳制品

美国
美国人被鼓励专
注于食物的多样性
和营养密度，以及少
吃低营养、高热量的食
物。他们应该限制饱和脂
肪、反式脂肪、糖和盐的
摄入。

鼓励食用豆类，深绿
色、红色和橙色的蔬
菜，以及淀粉类蔬菜

我们需要补充剂吗？

许多人每天都服用多种维生素或其他补充剂，但我们真的需要这些补充剂吗？健康专家表示不同意。

维生素D

维生素D有助于身体吸收钙，是骨骼健康的关键因素。我们从吃的食物中只能获得少量的维生素D，大多数是通过皮肤在阳光中的紫外线（UV）照射下合成的。然而，并不是每个人都能获得足够的阳光，高纬度地区的许多人可能会从补充剂中受益。

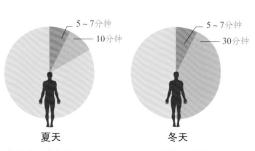

维生素D的产生
人体中维生素D的合成量随年龄、体重、皮肤类型（深色皮肤需要更多的阳光）以及紫外线照射水平不同而变化。皮肤吸收的阳光受到我们所处的纬度和季节的影响。

图注
每日所需的维生素D剂量需要的阳光照射时间。
 热带
 温带

天然的总是好的吗？

并非所有"天然"产品都是安全且有益的。许多草药补充剂，甚至是维生素，都能产生令人不快的副作用，或者与处方药物相冲突。

是

许多专家认为补充剂是有益的，至少对某些人来说是有益的，即使你不在这些受益的群体中，服用它们也不会对你造成任何伤害。补充剂可以被认为是一个"安全网"，可以确保良好的营养。

没有损害
没有证据表明服用多种维生素补充剂会造成伤害，只要它们不超过建议摄入量。

对特定群体产生益处
某些群体被发现可以从特殊的维生素补充剂中获益，特别是儿童摄入的维生素A、C和D，以及孕妇摄取的叶酸。这些效果没有在大量人口研究中出现。

作为辅助营养
即使是健康的饮食也会偶尔缺乏营养。维生素补充剂可以作为一种"安全网"，防止某些维生素意外的缺乏。那些服用维生素补充剂的人确实显示出较少的营养不足，但这有可能是因为他们本身也倾向于健康饮食。

补充不良饮食或限制饮食
很多人的饮食都有限，不论是因为信仰、疾病、食物供应量，还是仅仅因为挑食。在这些情况下，多种维生素补充剂有助于保证重要化合物的摄入。

能够根据具体需要定制饮食
男性、女性和不同年龄、不同活动量的人对营养有不同需求。量身定制的补充剂符合不同人群的要求。在确保摄入全面的营养方面，它可能比改变饮食更容易。

复合维生素

营养补充剂可以提供多种营养，含量范围从小到全面。补充剂中的许多维生素含量远远超过了推荐剂量，但是也会缺少其他某些种类。有时候，维生素并不会被有效地吸收或利用，因为它们没有和含有天然维生素的食物一起摄入。

24种成分的药片

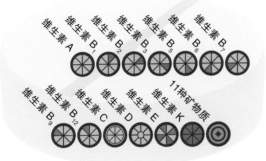

维生素A　维生素B₁　维生素B₂　维生素B₃　维生素B₅　维生素B₆　维生素B₇

维生素B₉　维生素B₁₂　维生素C　维生素D　维生素E　维生素K　**11种矿物质**

70% 使用补充剂或其他替代疗法的患者并没有告诉他们的医生。

叶酸

叶酸，也被称为维生素B₉，主要存在于豆类、深绿叶蔬菜和柑橘类水果中。孕妇通常被建议摄入大量叶酸，因为它有助于降低婴儿脊柱裂的风险（脊髓和脊柱缺陷）。然而，从最健康的饮食中摄取足够的叶酸是很困难的，因此建议在怀孕早期的所有女性，以及那些试图怀孕的女性服用叶酸补充剂。

不是

许多专家并不相信补充剂对每个人来说都是好东西。他们指出，没有证据表明它们对大多数人有益，高剂量时可能会带来危害，同时还有高额的费用。

对普通人群没有益处
对健康人群的大量研究中并没有证据表明多种维生素是有益的。具体来说，多种维生素被证实对普通人群的心血管疾病和老年人的记忆力没有效果。

有害的
一些复合维生素中某种大剂量的维生素可能是有害的。例如，过量的铁、硒和维生素A可能是有毒的，所以把所有的补充剂都远离儿童是很好的做法。

超剂量的营养剂不能被进一步利用
如果服用大剂量的维生素或矿物质，即使它是无害的，一旦剂量超过身体需要，身体会把它当作废物排泄出来。水溶性维生素不能被储存。

监管力度松弛
许多维生素被监管为食物或补充剂，而不是药物。虽然组成成分和质量会有很大不同，但其安全性必须要有保障。并且，通常不能确保标签与实物是一致的。

昂贵的
复合维生素可能很昂贵，而且在很多情况下，这些钱花在补充含有有益纤维的新鲜水果和蔬菜上可能会更好。

饮食习惯

在世界上很多地方，每天三餐的饮食模式是没有科学依据的。科学家们正试图研究不同的饮食习惯是否会使我们更健康。

夜班影响营养吗？

夜晚轮班工人患肥胖症、2型糖尿病和其他疾病的风险更高。这可能是由于睡眠减少导致了高热量食物的摄入，或者是时间交替的活动直接影响了身体的日常节奏。

像国王一样吃早餐？

早餐通常被描述为一天中最重要的一餐，但确实是这样吗？吃早餐的人往往有较低的BMI指数（也就是说他们有较低的体脂，见第190页），而那些不吃早餐的人，患有肥胖、心脏病和其他相关疾病的风险往往更高，这可能是因为它在上午饥饿时摄入了额外的不健康的零食。但最近的研究反驳了这一说法，他们认为不吃早餐的人整体摄入较少的热量，而且不会产生不良影响。此外，不吃早餐也延长了禁食时间，这可能是有益的（见第200～201页）。

早餐

丰盛的早餐
一顿丰盛的早餐可能有助于抵制午餐前的零食，但这是否有助于整体摄入更少的热量还不清楚。

6:00　　　8:00　　　10:00

轻淡的早餐
吃少量的早餐，或者完全不吃早餐，延长隔夜的禁食时间，这可能是有益的。然而，它也可能刺激你在早餐期间摄入不健康的食物。

早餐

零食
虽然通过零食很容易摄入大量不健康的食物，导致体重增加，但没有证据表明健康的、控制定额的零食是不好的。

零食

吃零食

很难确定到底是少食多餐还是两餐之间完全禁食更有益于健康。但可以肯定的是，零食热量高并且含较少的微量营养素。然而，零食还有更好的选择，如水果和坚果，都是健康饮食的一部分。

夜袭冰箱
随着传统的社会饮食习惯在许多国家变得不那么普遍，夜袭冰箱和其他的零食习惯已经开始增长。

西班牙的节奏

在西班牙和说西班牙语的美洲，人们的饮食习惯与每天三餐有明显的不同。午餐是最丰盛的，但由于晚餐吃得太晚（有时是午夜），人们需要通过额外的餐前小吃来过渡。餐前小吃也可以在晚餐前吃。

餐前小吃

超过**53%**的美国人每周至少有一次不吃早餐，**12%**的人经常不吃早餐。

像乞丐那样吃晚餐？

一句古老谚语告诉我们晚餐要吃得清淡一些。饮食肯定会影响人体的生物钟——身体每24小时就会运转一组进程。在肝脏和脂肪细胞中，生物钟的进程可能会因为吃得太晚而中断，并可能与身体的主节律相竞争。这也许可以解释为什么夜间饮食与日间睡眠相结合会影响身体对血压和血糖水平的控制。

丰盛的午餐
有证据表明，在一天当中，摄入的热量消耗得越早，越有助于减少饥饿感，也更容易减轻体重。

午餐

清淡的晚餐
对老鼠的研究发现，它们在一天中对血糖的控制有所不同。这可能意味着，当我们夜晚不那么活跃的时候，清淡的饮食会更好。

晚餐

14：00　　16：00　　18：00　　20：00　　22：00

清淡的午餐
分散的饮食，比如一桌子的午餐，可能会导致体重增加。吃东西的时候不注意，这意味着你可能会吃得过多，或者继续吃零食。

午餐

丰盛的晚餐
随着工作和生活方式的改变，晚餐时间发生了变化。这似乎对健康有害，扰乱了人体的自然节律。

晚餐

增加体重的方法

虽然我们大多数人都在努力保持身体脂肪的减少，但由于相扑选手需要依靠低重心来赢得摔跤比赛，所以他们每天的饮食和活动都是为了庞大的体格。相扑运动员的一天都是以空腹的训练开始，然后饱餐一顿后睡觉。科学家们无法解释具体原因，但这种方法确实成功地增加了体重。

早上8点，准备食物

早上11点，一顿丰盛的午餐

相扑的规则
相扑选手的饮食习惯稳定并受到严格控制。他们各自准备丰盛的、富含蛋白质的炖菜，俗称"相扑火锅"，并且吃大量的米饭。午餐后进行长时间的午睡，让身体将热量存储为脂肪。

早上5点，训练

中午12点，长时间午睡

西方饮食

　　"西方"饮食已经发展为一种以加工食品为主的饮食，如今在全世界都很常见，但它起源于美国和欧洲。

西方的习俗

　　在大多数西餐中，为了干净，每个人面前都有一盘食物。食物以蛋白质（通常是肉类）为基础，配以蔬菜和碳水化合物。主菜通常是在甜点之后，同时也会饮用含糖饮料。最近，饮食趋势已经从共享的家庭聚餐转移到零食和在电视机前吃现成食品。

西方饮食习惯

　　现代西方饮食富含饱和脂肪、盐、糖和ω-6脂肪酸（见第136页），缺少ω-3脂肪酸和纤维素，因此会增加患肥胖、心脏病、2型糖尿病和结肠癌发病率的风险。一些研究还表明，这种饮食还可能会导致其他癌症、炎症性疾病，如哮喘和过敏，以及自身免疫性疾病。

高 ←	西方饮食习惯	→ 低

红肉　　高脂乳制品　　　　水果　　　　　蔬菜

加工食品　　盐　　　　鱼　　家禽　　　　油

含糖饮料　　甜食　　　　　　低脂乳制品　　全麦

低 ←	西方谨慎饮食	→ 高

好与坏的饮食

不是所有西方人的饮食习惯都不好。"谨慎"饮食包括较少的红肉、加工食品、糖和盐，关注于全谷物、蔬菜、水果和油。具体例子包括地中海饮食和安息日会的素食饮食方式，这些对健康都非常有益处。

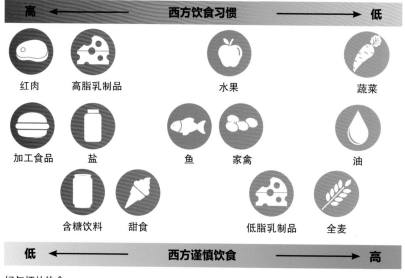

每人一个餐盘
用餐开始前就已经定额配上食物，不吃完餐盘里的食物是不礼貌的。这可能会让你很难在进食过程中对身体的饱腹感做出相应的反应。

水

蛋白质是主要成分
这顿饭的主角是蛋白质：通常是肉，有时是鱼。通常用辅料来丰富它的味道。

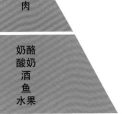

蔬菜的选择
配在蛋白质食物旁边，蔬菜经常被认为是必要的，但很乏味，它通常是简单地煮或蒸。不同类型的蔬菜通常分开烹饪。

地中海食物金字塔
地中海饮食是以全谷物、豆类、蔬菜和橄榄油为基础的。鱼、水果、乳制品和葡萄酒都要适量，而肉类和含糖的菜肴偶尔才会食用。

肉

奶酪
酸奶
酒
鱼
水果

全谷物
豆类和蔬菜
橄榄油

地中海饮食

在地中海地区和其他一些地方，一些人遵循着传统的饮食习惯，这种饮食习惯被专家称为"地中海饮食"，它是世界上最健康的饮食方式之一。研究表明，它降低了患2型糖尿病、高血压、心脏病、中风和老年痴呆症的风险。橄榄油的摄入是减少炎症反应、降低血液胆固醇水平、保护大脑的关键因素。

面包

汤匙

酒杯

叉子

刀

主食是面包或土豆
面包和土豆是最传统的碳水化合物，米饭和面食也很常见。这些都是一顿饭的重要组成部分。

冷饮
餐食中的饮料通常是冷的葡萄酒、水、碳酸饮料和果汁。含糖饮料会给饮食增加大量隐藏的热量。

因纽特饮食

因纽特人和其他北极居民的传统饮食富含鱼类和海洋哺乳动物。然而，由于因纽特人很少有机会食用植物源食物来丰富饮食，因纽特饮食是世界上最受限制的饮食之一。极地人之所以能存活下来，是因为他们经常食用动物器官并咀嚼鲸鱼的皮肤，从而提供了足够的维生素。

海豹

独角鲸

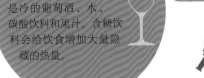

预计到2030年，世界2型糖尿病病例将增加1倍。

东方饮食

从日本的寿司到印度的咖喱，东方饮食各不相同。但与大多数西方菜肴相比，他们喜欢香料和强烈的风味，并减少了对肉类的食用。

东方饮食习惯

尽管存在差异，但亚洲菜系有着明显的相似之处，使它们有别于西方的饮食。其一是把蔬菜作为饭食的主要成员，而不是作为配菜；另一点是对主食大米的依赖。东方烹饪讲究口味和配料的平衡，以及不同口味的搭配，如甜的和酸的，咸的和辣的，这比西方的烹饪更常见。

与其他文化不同，中国人在饭后喝汤，因为它被认为有助于**消化**。

绿茶真的对我有好处吗？

在非常高的剂量下，绿茶中的活性成分可以抗氧化、抗炎和抗微生物，还有助于调节体重、燃烧脂肪和控制血糖水平。

蔬菜
蔬菜作为一道菜，经过精心烹饪和调味，享有属于它自己的地位，并被视为一道能与鱼或肉媲美的菜肴。它们不只是简单地作为点缀蛋白质菜肴的一部分。

筷子

饭碗

茶

共享蔬菜

汤

热饮料或汤
流体食物是餐食重要的组成部分，以肉汤、菜汤、调味汁或茶的形式出现。冷饮并不常见，这在一定程度上可能是由于印度的阿育吠陀的教导导致的，他认为冷饮会减慢和稀释消化液，但这一观点未得到科学支持。

米饭或面条
餐食通常以米饭或面条为基础，因为大多数亚洲国家种植大米。白色（或抛光）的大米很受欢迎，但它的营养价值低于带外壳的糙米。

共享蔬菜

主盘

茶壶

共享鱼

反复盛碗
人们通常可以反复多次把食物从共享的盘子里拿回自己的碗里，这是很常见的。在许多文化中，碗里留下一些食物表示有礼貌，这表明你已经吃饱了，而且主人已经满足了你的需求。

冲绳的饮食

　　日本冲绳岛的许多居民在100岁或以上的年龄都保持身体苗条和健康。这是因为他们的饮食含有较少的热量、较多的水果和蔬菜（包括他们的主食紫甘薯），以及较少的精制谷物、饱和脂肪、盐和糖，此外还有积极的社区生活方式。

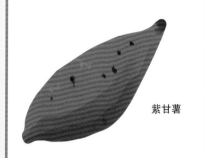

紫甘薯

高风险的人群

　　一些亚洲人，包括南亚人，比其他地区的人更有可能患上心血管疾病，即使把吸烟和饮食等危险因素考虑在内时也是如此。随着西方食物在东方变得越来越流行，越来越多的亚洲人移居北美和欧洲，肥胖和相关问题发病率也在这些高危人群中增加。

基因因素
心脏病的发病率表明南亚人更容易受到西方饮食的危害。这让专家们怀疑他们的DNA中有什么影响了他们对高脂肪、低纤维食物的反应。

宗教饮食与伦理饮食

在世界各地，许多人不仅根据口味和健康做出饮食选择，而且基于他们的伦理或宗教信仰。无论我们遵循的是一套明文规定的法律，还是一些自我强加的指导方针，我们都通过我们选择的食物和饮料类型来表达我们的个人信念。

不同的宗教有不同的饮食习惯。

基于宗教的饮食

食物和饮食习惯在大多数宗教中扮演着重要的角色，它们都是宗教虔诚和集体认同的表现。尽管宗教有类似的习俗，但大多数宗教都有自己的规定，规定了什么类型的食物和饮料是允许或是禁止的。包括动物屠宰在内的食物准备过程也都有要求。对一些宗教来说，一周的特殊天和一年的特殊时间里也有特殊的饮食意义。

耆那教

耆那教徒尊奉不伤生之戒，也不会从事伤生的行业。为了不伤生，他们都是严格的素食者。

	地区	允许的	
伊斯兰教	符合伊斯兰教教规的食品叫"清真食品"。	带鳞的鱼类	鸡和其他鸟类（除了猛禽）
犹太教	"洁食"食品要符合犹太教的饮食戒律。	带鳞的鱼类	鸡和其他鸟类（除了猛禽）
佛教	佛教徒通常是素食主义者，但随文化不同而不同。	乳制品	
印度教	印度教的饮食主要是素食。	乳制品	

伦理饮食

　　我们的伦理信念会影响我们选择吃什么食物，以及我们如何获取食物。大多数素食者不吃肉，因为他们认为杀死动物是不道德的。同样，许多人在选择食物时也会表达对有关食品生产问题的伦理担忧。

动物福利
有些人避免食用工厂养殖的肉类或鸡蛋，或者其他他们认为以不人道的方式生产的肉类或动物产品。

环境
人们通过避免食用红肉来解决有关土地利用和全球变暖的问题，而这些红肉类对环境造成的危害最大。

可持续性
避免一些食物，比如特定种类的鱼，可以减缓这些资源的消耗，使它们得以恢复。

浪费
那些关心食物浪费的人，包括所谓的"不消费主义者"，他们靠丢弃的食物为生。

允许的		禁止的			
 有蹄的反刍动物（如牛、羊等）	 按照伊斯兰教教规允许屠宰的动物	 未按照伊斯兰教教规屠宰的动物	 猪、贝类、无鳞的鱼	 血	 酒精
 有蹄的反刍动物（如牛、羊等）	 按照犹太教教规允许屠宰的动物	 未按照犹太教教规屠宰的动物	 猪、贝类、无鳞的鱼	 血	 来自非犹太生产者生产的葡萄酒或葡萄产品 / 肉制品和乳制品不能一同食用
 蔬菜、水果和大多数植物性食物		 大多数动物	 辛辣及有强烈味道的食物，如大蒜和姜		 酒精
 蔬菜、水果和大多数植物性食物		 大多数动物	 蛋	 牛肉（对肉食者也是额外禁止的）	 猪肉（对肉食者也是额外禁止的）

素食者与严格的素食者

素食者和相关的饮食通常是出于对动物福利、食肉对环境的影响以及对健康益处的担忧而选择的。不那么严格的素食者包括吃鱼的"食鱼素食者"以及偶尔在饮食中食肉或鱼的"弹性素食者"。

营养物质

从全素食饮食中获取所有必要的营养物质是有可能的，但是严格的素食主义者需要食用一些经过加工和强化的产品来满足身体所有的需求。例如，除了强化产品之外，维生素B_{12}唯一可靠的天然来源是肉类和动物产品，纯素食产品中几乎不含维生素D。

不同的素食者

素食者不吃肉或鱼，但许多人吃动物产品，如鸡蛋和奶制品。在印度，鸡蛋不视为素食，鼓励食用乳制品。严格的素食者选择不吃任何来自动物的产品，包括蜂蜜。

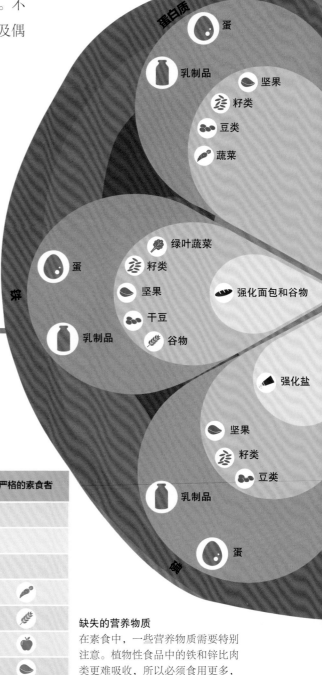

食物类型	素食者（西方）	素食者（印度）	严格的素食者
蛋	●		
乳制品	●	●	
蜂蜜	●	●	
蔬菜	●	●	●
谷物	●	●	●
水果	●	●	●
坚果和种子	●	●	●
豆类	●	●	●

缺失的营养物质

在素食中，一些营养物质需要特别注意。植物性食品中的铁和锌比肉类更难吸收，所以必须食用更多，此外在不摄入鱼的情况下很难获得足够的 ω-3 脂肪酸。

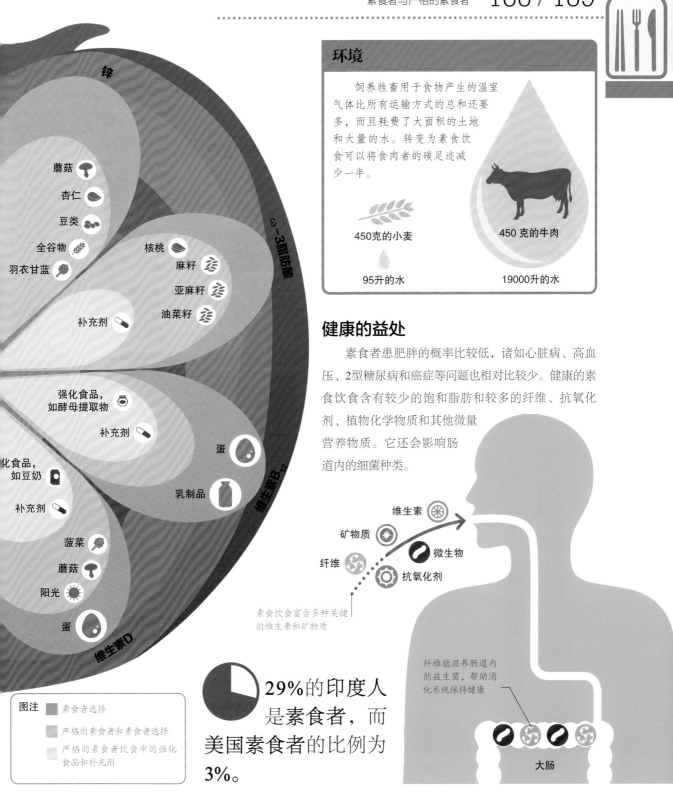

环境

饲养牲畜用于食物产生的温室气体比所有运输方式的总和还要多，而且耗费了大面积的土地和大量的水。转变为素食饮食可以将食肉者的碳足迹减少一半。

450克的小麦

95升的水

450 克的牛肉

19000升的水

健康的益处

素食者患肥胖的概率比较低，诸如心脏病、高血压、2型糖尿病和癌症等问题也相对比较少。健康的素食饮食含有较少的饱和脂肪和较多的纤维、抗氧化剂、植物化学物质和其他微量营养物质。它还会影响肠道内的细菌种类。

维生素
矿物质
纤维
微生物
抗氧化剂

素食饮食富含多种关键的维生素和矿物质

纤维能滋养肠道内的益生菌，帮助消化系统保持健康

大肠

蘑菇 杏仁 豆类 全谷物 羽衣甘蓝 核桃 麻籽 亚麻籽 油菜籽 补充剂

ω−3脂肪酸

强化食品，如酵母提取物 补充剂 蛋 乳制品

维生素B₁₂

化食品，如豆奶 补充剂 菠菜 蘑菇 阳光 蛋

维生素D

锌

图注
素食者选择
严格的素食者和素食者选择
严格的素食者饮食中的强化食品和补充剂

29%的印度人是素食者，而美国素食者的比例为3%。

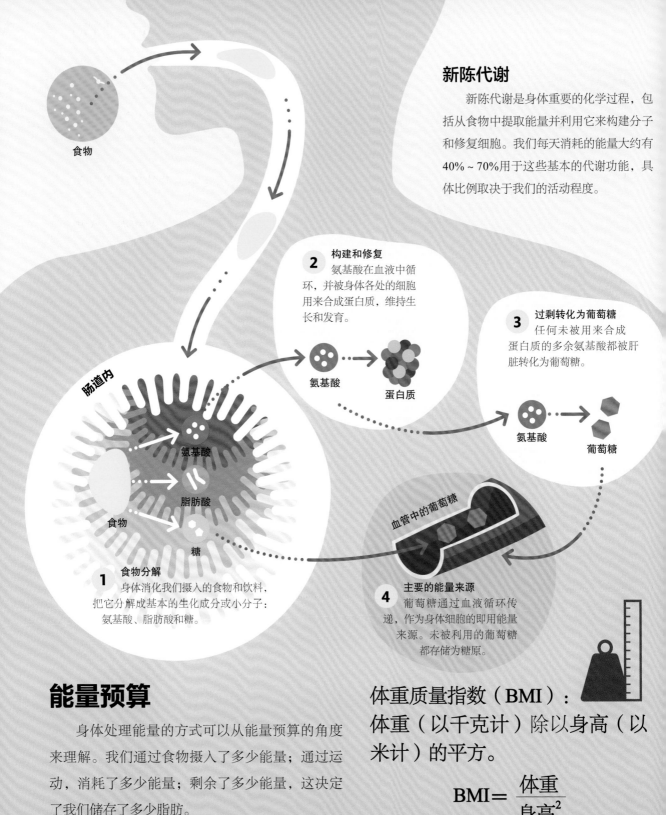

新陈代谢

　　新陈代谢是身体重要的化学过程，包括从食物中提取能量并利用它来构建分子和修复细胞。我们每天消耗的能量大约有 40%~70% 用于这些基本的代谢功能，具体比例取决于我们的活动程度。

2 构建和修复
　　氨基酸在血液中循环，并被身体各处的细胞用来合成蛋白质，维持生长和发育。

3 过剩转化为葡萄糖
　　任何未被用来合成蛋白质的多余氨基酸都被肝脏转化为葡萄糖。

氨基酸 → 蛋白质

氨基酸 → 葡萄糖

肠道内

氨基酸

脂肪酸

食物

糖

血管中的葡萄糖

1 食物分解
　　身体消化我们摄入的食物和饮料，把它分解成基本的生化成分或小分子：氨基酸、脂肪酸和糖。

4 主要的能量来源
　　葡萄糖通过血液循环传递，作为身体细胞的即用能量来源。未被利用的葡萄糖都存储为糖原。

食物

能量预算

　　身体处理能量的方式可以从能量预算的角度来理解。我们通过食物摄入了多少能量；通过运动，消耗了多少能量；剩余了多少能量，这决定了我们储存了多少脂肪。

体重质量指数（BMI）：
体重（以千克计）除以身高（以米计）的平方。

$$BMI = \frac{体重}{身高^2}$$

燃烧脂肪以维持体温

最近，科学家们发现，某些成年人存储的褐色脂肪会燃烧来保持温暖。以前，他们认为只有婴儿才有褐色脂肪。后来，科学家还发现了米黄色脂肪，当环境发生变化时，比如温度下降，米黄色脂肪就会变成燃烧状态。找到合适的方法来长期维持脂肪的这种燃烧状态，可能会治疗肥胖。

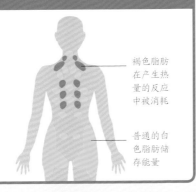

褐色脂肪在产生热量的反应中被消耗

普通的白色脂肪储存能量

新陈代谢缓慢会使体重增加吗？

超重和苗条人群的新陈代谢之间没有区别。如果有区别，也是随着身体体型的增加，代谢速率会增快。

减肥

当我们的食物摄入量不足时，身体就会利用它储存的能量。首先会使用血液中所有可用的葡萄糖。葡萄糖可以通过肝脏分解它存储的糖原来补充。当糖原耗尽时，身体就会转向消耗储存的脂肪。因此，减肥的唯一方法就是长期保持能量匮乏，也就是消耗的热量大于摄入的热量。然而，长期这样严格的做法会消耗掉肌肉，因为身体将它们分解为氨基酸来获取能量。

葡萄糖和糖原转化为能量

葡萄糖燃烧
如果身体有很好的葡萄糖供应，它就会作为主要的能量来源，直到它消耗殆尽。

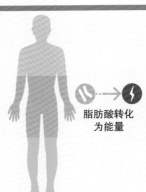

脂肪酸转化为能量

脂肪燃烧
如果身体没有足够的葡萄糖，它就会转向消耗储存的脂肪来获取能量。

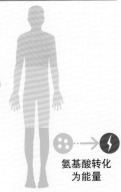

氨基酸转化为能量

蛋白质燃烧
当饥饿的时候，身体会采取极端的方法，通过消耗氨基酸来获取能量。

体重增加

当摄入的热量超过新陈代谢和运动消耗的热量时，我们就会将额外的能量储存起来，首先存储为糖原，然后是脂肪。脂肪储存在皮下和腹腔器官周围（内脏）。内脏脂肪会导致与肥胖有关的疾病。白色脂肪细胞也能分泌激素和类似激素的分子，这些分子会影响食物的摄入量（见第14～15页）、胰岛素的分泌和敏感性（见第216～217页）。

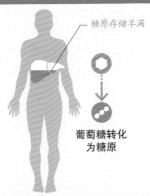

糖原存储半满

葡萄糖转化为糖原

储存碳水化合物
如果身体有多余、不用于提供能量的葡萄糖，它会被肝脏细胞吸收，并储存为一种叫作糖原的复杂碳水化合物。

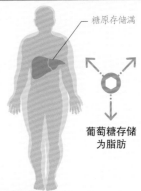

糖原存储满

葡萄糖存储为脂肪

储存脂肪
当肝脏达到储存糖原能力的极限时，摄入的多余热量转化为脂肪，并在全身各处储存。

饮食与运动

人们普遍认为运动能让我们保持苗条身材，但最近的研究似乎让人怀疑。尽管运动在很多方面对你有好处，但额外去健身房锻炼可能不会对你的腰围有太大影响。

运动的影响

运动可以帮助减肥，尤其是维持体重，但它并没有预期的那么大影响。在短期内，运动似乎可以提高我们的基础代谢速率（BMR，安静状态下每天的能量消耗量），它可以通过增加肌肉量来实现这个目的，因为肌肉比脂肪能燃烧更多的热量。然而，新的研究表明，一旦我们达到一定高的运动量，身体就可以通过降低基础代谢速率来弥补。

图注

热量
运动

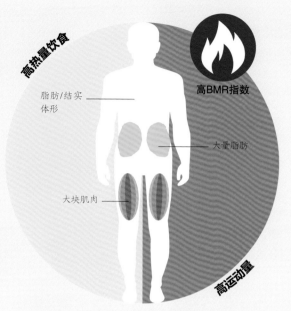

高热量饮食，高强度运动
如果运动量合理，你可能会有强壮的肌肉和较高的基础代谢率。然而，如果同时摄入高热量的食物，你仍然会储存脂肪并变得超重。

高强度训练

高强度间歇性训练似乎比其他运动更能减少体脂，至于具体原因暂时不清楚。一项研究发现，与常规运动相比，燃烧同样的热量，高强度间歇性训练减少的皮下脂肪量是常规运动的9倍。自相矛盾的是，有氧运动（持续、低强度）和厌氧（高强度）运动都能增加健身效果。

强度峰
高强度间歇训练指的是在短时间内全速工作，例如，冲刺骑自行车10秒，然后在重复此剧烈运动前休息。

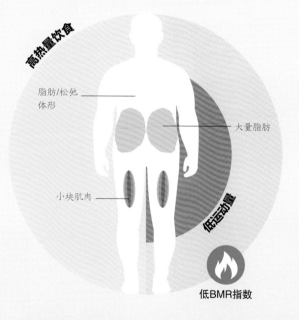

高热量饮食，低运动量
摄入的热量比消耗的多，会导致体重快速增加和脂肪堆积。如果锻炼不充足，很可能会导致肌肉发育不完全，而且基础代谢率低。

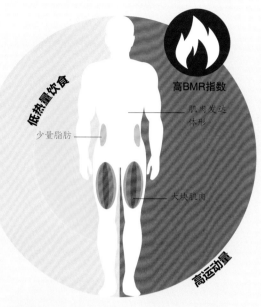

高BMR指数

肌肉发达
体形

少量脂肪

大块肌肉

低热量饮食

高运动量

低热量饮食，高强度运动
减少总热量的摄入，同时增加运动量是最有效的减肥方法。它还可以帮助锻炼肌肉，通过消耗存储的脂肪来完善体形。

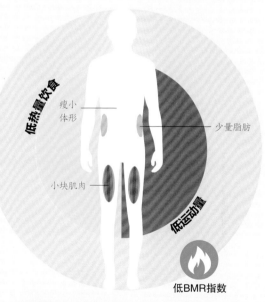

低热量饮食

瘦小
体形

少量脂肪

小块肌肉

低运动量

低BMR指数

低热量饮食，低运动量
某些相对不爱运动的人可以通过低热量的饮食来保持健康的体重。然而，他们会错过许多运动带来的益处。

热量燃烧

燃烧少量的热量需要做大量的运动。例如，以适中的速度步行15分钟，会消耗掉相当于一个小苹果的热量。正因为如此，仅仅通过增加运动量很难产生能量匮乏。

200	10分钟
120	跳舞
90	骑行
50	步行

**200卡路里的
燕麦条**

温和的运动能改善情绪，似乎可以预防阿尔茨海默病

阿尔茨海默病

中风

适度活动的人患中风的可能性较小

经常锻炼有助于保持肌肉强健和健美

肌肉

运动使心脏变得更强壮，更有效率

肺

心脏

有规律的运动有助于防止肝脏脂肪的堆积

负重运动有助于提高儿童的骨密度，而成年人可防止其丢失

肝脏

骨骼

广泛的健康益处

定期运动即使不像我们曾经认为的那样对减肥有用，也能带来巨大的健康益处。它可以降低2型糖尿病、中风或心脏病的发病概率，降低血压，提高胆固醇水平，而不仅仅限于可以减肥。

热量计算

　　计算我们摄入的食物中的热量是体重管理的基本策略。尽管"热量控制"的饮食方式是监测热量摄入的有效方法，但我们不应该仅仅通过食物的热量因素来做选择。为了达到最佳的健康水平，我们必须选择包含多种食物均衡的饮食。

高密度

高能量的食物
高能量的食物通常含有很多的脂肪，且含有大量的糖，包括用黄油和食用油制成的烘焙食品，以及多种加工食品。

甜甜圈
125千卡/ 28 克

薯片
157千卡/ 28 克

巧克力蛋糕
175千卡/ 28 克

中等密度

意大利香肠比萨
74千卡/ 28 克

中等能量密度
这些食物含有更均衡的脂肪、碳水化合物和蛋白质，一些水果和淀粉类蔬菜也属于中等能量密度食物。

能量密度

　　食物的能量密度是指每单位质量的食物所包含的能量，通常以千卡/克来表示。每克高能量密度的食物比低能量密度的食物提供更多的热量。食物的能量密度由脂肪、碳水化合物、蛋白质、纤维和水的比例决定。脂肪的能量密度是9千卡/克，碳水化合物和蛋白质的能量密度都是4千卡/克，酒精的能量密度是7千卡/克。纤维和水没有提供能量，只是结构和体积。

自我克制

　　日本冲绳人坚持"hara hachi bu"的习俗，大致翻译成"吃到八成饱"。冲绳人以世界上最高的百岁老人比例而闻名，他们的饮食方式显然在这方面起了重要作用。"Hara hachi bu"与传统的西方饮食习惯形成了鲜明的对比，西方饮食要求把盘子清空。

卡路里是什么?

　　食物卡路里是用来衡量食物能量的单位。虽然卡路里被广泛地应用于食物，但是科学家们现在主要使用焦耳作为能量单位，而kJ是食物所含热量的单位。1千卡（kcal）食物热量转换为4.184千焦（kJ）。根据产地不同，食物标签使用其中一个或两个单位标识。

食物样品

水

测量卡路里
食物的热量是通过在氧气中燃烧冻干的样品来衡量的。热量值是由食物周围的一定体积的水的温度增加来衡量的。

牛排
50千卡/28克

烤宽面条
46千卡/28克

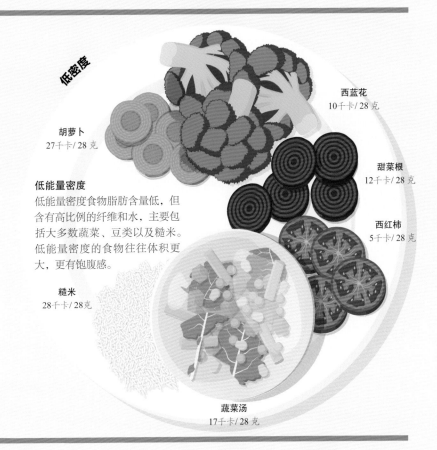

低密度

西蓝花
10千卡/28克

胡萝卜
27千卡/28克

甜菜根
12千卡/28克

低能量密度
低能量密度食物脂肪含量低，但含有高比例的纤维和水，主要包括大多数蔬菜、豆类以及糙米。低能量密度的食物往往体积更大，更有饱腹感。

西红柿
5千卡/28克

糙米
28千卡/28克

蔬菜汤
17千卡/28克

吸收热量

　　身体并非对所有的食物一视同仁。有些食物比其他食物更难消化，这意味着我们无法获取它们所含的全部热量。此外，每个人身体也各不相同，相比其他人，某人的消化系统可以从同一餐中获取更多的热量。

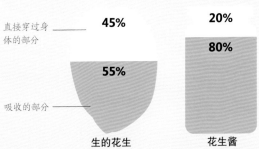

直接穿过身体的部分　　45%

吸收的部分　　55%

生的花生

20%

80%

花生酱

不同的吸收
许多组成坚果的植物细胞在经过肠道时并没有被分解，也就是说它们的营养物质被锁定在无法消化的细胞壁内。然而，在坚果酱中，由于加工的过程有助于消化，所以可以获取更多的热量。

低碳饮食

"低碳饮食"的支持者声称，限制碳水化合物的摄入量有利于减轻体重，避免血糖水平不稳定引起的副作用。

它是如何工作的？

在低碳饮食中，热量和能量的主要来源不是碳水化合物，而是脂肪和蛋白质。据称，通过保持较低水平的血糖和胰岛素，我们可以训练身体燃烧储存的脂肪。此外，低碳饮食富含蛋白质，它可以使饱腹感持续时间更长，通过减少食物摄入量以及减少餐间小吃，从而减少我们热量的总摄入量。

吃什么？

任何人想要在饮食中显著减少某种主要食物，都需要另外一种饮食策略来补偿。虽然富含蛋白质的食物和天然脂肪可以取代碳水化合物作为能量来源，但高蛋白饮食通常缺乏纤维，一类对健康的消化和维持良好胆固醇的水平至关重要的物质。在饮食中加入大量的蔬菜，如西蓝花、花椰菜和莴苣，可以增加纤维的摄入量，增加微量元素和食物体积。

脂肪燃烧
通过降低血液中的葡萄糖水平，我们可以迫使身体使用替代能源。持续缺乏葡萄糖会导致酮症，在此状态下身体会以极高的速度燃烧储存的脂肪。

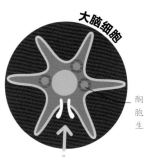

大脑细胞

酮体在大脑细胞中被用来产生能量

酮体由肝脏中的脂肪酸产生

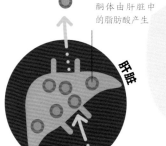

肝脏

2 酮症状态
与其他组织不同，大脑不能将脂肪酸作为能量来源，因此，当血糖低时，肝脏会将脂肪酸转化为酮体——一种为大脑细胞提供能量的分子。

脂肪酸释放到血液中

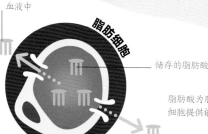

脂肪细胞

储存的脂肪酸

脂肪酸为肌肉细胞提供能量

肌肉细胞

1 释放脂肪酸
当血液中葡萄糖浓度维持在健康水平时，胰岛素保持在较低水平。这使得脂肪酸从脂肪细胞释放到血液中，然后为大多数细胞提供能量。

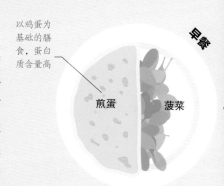

以鸡蛋为基础的膳食，蛋白质含量高

早餐

煎蛋　　菠菜

日常饮食
将富含蛋白质的食物和大块的低碳水化合物蔬菜结合起来，可以更容易减少餐食中富含碳水化合物的食物的量，如面食、面包、米饭和含糖食物。

低碳饮食可以帮助**糖尿病**患者短期控制血糖水平。

受限的食物

　　一些低碳饮食是非常严格的，也减少了明显富含碳水化合物的食物，比如意大利面和面包，它们也限制了许多其他食物的摄入，至少在初始时是这样。这些食物包括所有水果和甜的蔬菜，如豌豆和玉米。土豆和其他淀粉类蔬菜，包括南瓜、胡萝卜、防风草、甜菜根和小扁豆都受到了限制，此外，还包括藜麦和燕麦等全谷物。然而，这些食物许多都是纤维、维生素和矿物质的关键来源，是健康饮食的关键。

甜菜根

南瓜

关于低碳饮食的共识是什么？

尽管大多数医疗机构都认同低碳饮食对减肥有效，但是很少有人会推荐它们作为长期的健康饮食方式。

午餐

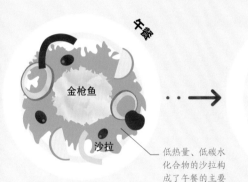

金枪鱼

沙拉

低热量、低碳水化合物的沙拉构成了午餐的主要部分

零食

奶酪

坚果

食用高蛋白、高脂肪的零食而不是基于小麦的零食

晚餐缺少高碳水化合物的食物，如意大利面和土豆

晚餐

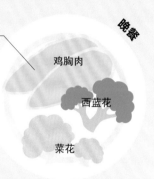

鸡胸肉

西蓝花

菜花

高蛋白饮食

　　根据定义，低碳饮食通常也是高蛋白饮食。中等高蛋白饮食可使蛋白质摄入量超过标准推荐量，大约占总热量的15%。中等高蛋白饮食允许摄入其他食物，包括碳水化合物。更极端的高蛋白饮食会明显限制碳水化合物的摄入。一些人还鼓励摄入大量脂肪。

	优 点	缺 点
中等高蛋白饮食	· 蛋白质使饱腹感更持久，这样就不太可能在两餐之间吃零食； · 在减肥过程中，高蛋白饮食可以帮助减掉脂肪而不是肌肉； · 蛋白质需要更多的能量来消化，所以会消耗部分热量。	· 对于这些饮食是否能帮助减肥，研究结果好坏参半； · 含蛋白质的食物，比如肉类，通常更贵； · 吃太多的动物蛋白可能会增加患心脏病和某些癌症的风险。
极端高蛋白饮食	· 蛋白质更有饱腹感，不容易感觉饥饿； · 许多受欢迎的食物，包括肉、奶酪和黄油都是不受限制的； · 许多极端饮食不需要计算热量。	· 限制性的饮食很难坚持，尤其是在社交的时候； · 食物种类的减少会导致缺乏必需的维生素和矿物质； · 缺乏纤维会导致便秘； · 对动物蛋白的依赖可能会面临包括心脏病和某些癌症在内的疾病的风险； · 可能会增加胆固醇水平； · 肾脏问题会变得更糟，因为肾脏需要负担更多的蛋白质； · 如果热量不受限制，它可能是无效的。

高纤维饮食

20世纪80年代，在丹尼斯·伯基特博士将传统的农村非洲饮食的益处与高纤维摄入量联系在一起后，类似"F-计划"的饮食逐步流行起来。随着人们把焦点转移到减少碳水化合物摄入时，这个想法逐渐过时，但现在它又开始流行起来。

高纤维饮食的益处

作为一种减肥计划，高纤维饮食可以减少热量，同时增加纤维。饮食主要是摄入大量的蔬菜和全谷物，因此它符合政府关于健康饮食的膳食指南，并被许多营养师推荐。高纤维饮食没有食物的限制，吃的食物可以降低肥胖、糖尿病和其他与胰岛素抵抗有关的疾病的风险。然而，有些人认为高纤维食物并不吸引人，这可能会使饮食习惯难以坚持。如果水的摄入量没有同步增加，就会导致短期便秘。

食物中添加的纤维和天然的纤维一样好吗？

生产商会在谷物、面包、酸奶和其他产品中添加纤维。虽然添加的纤维没有天然纤维种类多，但对健康的益处几乎是一样的。

吃什么
高纤维饮食应该包含大量的水果和蔬菜（包括表皮）、全谷物、坚果、种子、豌豆和干豆类。通过将食物替换为全麦面包和高纤维的早餐麦片，可以很容易地增加纤维摄入量。

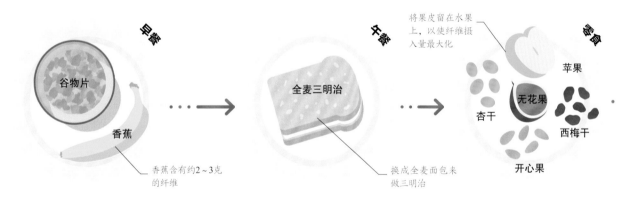

早餐　谷物片　香蕉
香蕉含有约2~3克的纤维

午餐　全麦三明治
换成全麦面包来做三明治

零食　将果皮留在水果上，以使纤维摄入量最大化
苹果　无花果　杏干　西梅干　开心果

研究发现，人们仅仅通过在日常饮食中添加纤维就能减轻体重，其他都不需要改变。

高纤维的食物

众所周知的高纤维食品包括全麦面食、鳄梨和豌豆，它们纤维含量从5%（西蓝花）到15%（小扁豆），以质量计。然而，奇亚籽的纤维含量超过了上述所有食物，达到了37%，且4/5的纤维是可溶解的，这就是为什么奇亚籽浸泡在水中后，会溶解成一种黏稠的凝胶，这种凝胶对甜点来说是很有用的。

奇亚籽浸泡在水中，形成一种凝胶

它是如何工作的?

　　纤维可以通过多种方式帮助减轻体重。纤维不容易消化,所以它不会提供很多热量,但它较大的体积能使你快速具有饱腹感。高纤维食物需要大量的咀嚼,所以会吃得更慢,这意味着身体在吃得过饱之前就可以发出吃饱的指示。富含纤维的食物在胃里蠕动缓慢,可以让饱腹感持续更长时间,更容易抵制不健康的零食。可溶性纤维(见第24页)甚至可以抵制餐后的血糖峰值,有助于避免胰岛素抗性(见第216～217页)。

胃

可溶性纤维能促进人体利用和排出胆固醇,降低患心脏病的风险。纤维与胃中的液体混合形成凝胶,有助于减缓糖分进入血液,避免食用低纤维碳水化合物后出现的血糖飙升。

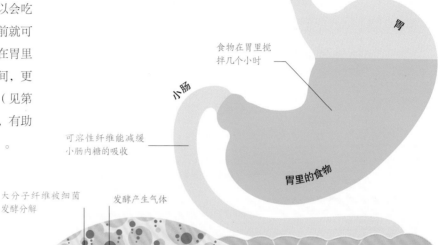

胃

食物在胃里搅拌几个小时

小肠

可溶性纤维能减缓小肠内糖的吸收

胃里的食物

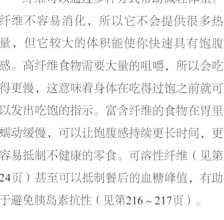

西蓝花提供维生素和纤维

晚餐

五种豆类,外加
小麦和西蓝花

大分子纤维被细菌发酵分解

发酵产生气体

大肠

大肠

肠道细菌内壁

折叠的肠壁

由细菌产生的短链脂肪酸

血液

维持正常健康

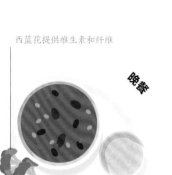

　　纤维可以帮助维持肠道健康,使粪便变软,减少粪便通过肠道的时间,这有助于减少便秘。纤维也是益生元,可以为肠道细菌提供食物。这些细菌可以产生副产品,有助于保持结肠细胞健康;还可以使结肠环境变酸,保护我们免受有害细菌的感染。细菌还能产生被身体吸收的B族和K族维生素。

发酵产物,包括维生素K和维生素B,进入血液

结肠

纤维通过胃和小肠时变化相对不大,但在结肠中,细菌对纤维进行发酵。虽然会产生令人尴尬的气体,但也会产生有益的产物,包括一些维生素和短链脂肪酸。随着时间的推移,肠道逐步适应高纤维饮食,肠胃胀气等不适情况减少。

间歇性禁食

禁食是许多宗教传统饮食的一部分，但最近它引起了科学界更多的兴趣。除了帮助减肥，科学家们还认为间歇性禁食有可能产生其他健康益处。

常见的禁食饮食

间歇性禁食包括有序的间歇性禁食和无序的间歇性禁食。在5：2的饮食方式中，节食者每周5天正常地饮食，但在非连续的两天中（禁食日），他们的热量摄入会减少很多。隔日饮食方式则是选择任何一天随意饮食，随后第二天禁食。饮食过程中必须严格遵照禁食规则，只能在一天的特定时间段摄入食物，通常是每隔8～12小时。

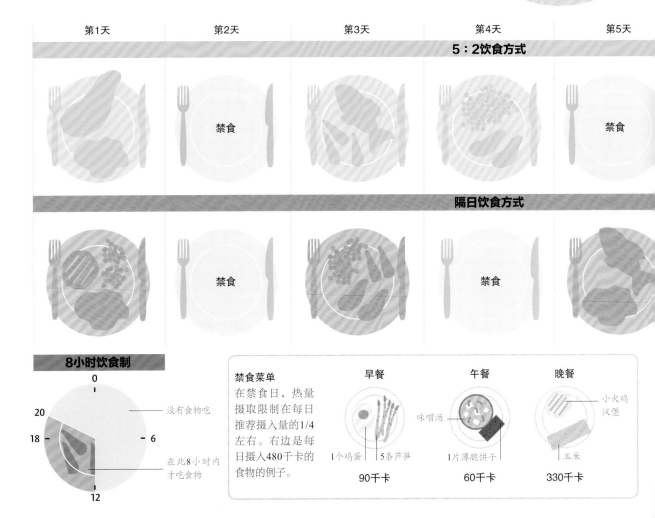

第1天	第2天	第3天	第4天	第5天
5：2饮食方式				
	禁食			禁食
隔日饮食方式				
	禁食		禁食	

8小时饮食制

0

20

18

6

12

没有食物吃

在此8小时内才吃食物

禁食菜单

在禁食日，热量摄取限制在每日推荐摄入量的1/4左右。右边是每日摄入480千卡的食物的例子。

早餐

1个鸡蛋　5条芦笋

90千卡

午餐

味噌汤

1片薄脆饼干

60千卡

晚餐

小火鸡汉堡

玉米

330千卡

这对你有好处吗?

有证据表明间歇性禁食有利于减轻体重,但主要来自动物研究(见下文)。如果这些研究适用于人类,也就是说禁食有可能有效地对抗肥胖,那它的健康益处就众所周知了。然而,关于人类禁食的少量的研究结果都是好坏参半的,我们还不了解禁食对人体的潜在负面影响。

优 点	缺 点
规则简单,易于遵循	禁食的日子里可能会产生极度饥饿、头痛和疲劳
不需要特殊的食物或补充剂	情绪波动和易怒的风险
可能对健康有好处	长期的影响还不明朗
具有一些灵活性,不需要都在每周的同一天禁食	禁食的日子里,可能会出现低血压,增加驾驶危险
有些人说能量增加了	可能不适合一些人的生活方式
降低食物成本	很难在长时间里坚持下去
在禁食的日子里,不需要时间计划吃饭,腾出了时间	有些人认为禁食会导致人们对食物不健康的痴迷现象

第6天　第7天

禁食

大吃大喝和饥荒

在现有的各种禁食方式中,上述三个是最受欢迎的。禁食需要遵守许多承诺,可能不适用于某些生活方式,但人们的禁食程度各不相同。一些人遵循摄入500千卡的禁食程度(见左图),但另一些人每天坚持300千卡,甚至只摄入水。

潜在的健康益处

越来越多的动物性实验证据支持禁食具有健康益处。禁食对血压、胰岛素敏感和某些慢性疾病风险具有积极作用,这使得一些科学家相信禁食有可能在人类身上产生类似的健康益处。

动物性实验的研究结果

增加胰岛素敏感性
较高的胰岛素敏感性有助于更有效地处理碳水化合物中的葡萄糖,从而降低肥胖和糖尿病的风险。

降低血压
已经证实禁食可以降低老鼠的血压,甚至在它们摄入高热量食物之后能保持血压稳定。

对抗癌症
通过禁食和化学疗法组合使用,可以减缓老鼠体内某些癌症细胞的生长和扩散。

有益于脑部疾病
已经证实禁食可以减缓患有阿尔茨海默病和帕金森综合征的老鼠的认知能力的下降。

减少患癌症的风险
禁食老鼠的细胞增殖显著减少,这被认为是降低癌症风险的一个指标。

改善大脑健康
给老鼠喂食限制热量的食物可以改善大脑神经元的再生,提高老龄鼠的认知能力。

增强细胞抵抗力
禁食小鼠的心脏和脑细胞对心脏病和中风所造成的损害更有抵抗力。

排 毒

最近流行一类排毒剂，声称可以用来清洁身体和排除毒素，涉及一系列的物品，包括饮料、补充剂，甚至是洗发香波。然而，没有科学证据支持这种说法。

排毒的说法

排毒说法的支持者声称，通过遵循特定的饮食，或使用特定的产品，可以帮助我们的身体排出暴露在酒精、咖啡因、烟草、脂肪和糖等物质中积累的毒素。排毒能够改善我们的健康。

天然产品能排毒吗？

尽管从动物实验中得到非常有限的证据证明香菜可能有助于排出重金属，但是重金属中毒是一个严重的问题，需要治疗。

排毒的方法

整个行业建立了一系列的排毒方法和产品。这些包括饮食方式、禁食、食品补充剂，甚至是侵害性的过程，如结肠灌洗。

枸杞

阿萨伊毒

芹菜

泻药

水果

排毒

毒素积累

补充剂

草药茶

甜菜根

大蒜

果汁

思慕雪

毒素是什么？

许多物质在大剂量时都是有害的，甚至是水。然而，身体是一个有效的系统，每天能中和或排出多余的有害化学物质，起作用的器官主要是肝脏和肾脏。毒素不会像排毒倡导者所说的那样积累。然而，也有一些例外，某些可以溶解在脂肪中的危险化学物质可以在储备的脂肪中积累多年。应该避免暴露在这些有害化学物质中。

持久性有机污染物

持久性有机污染物可以来自油漆、墨水以及食物的农药残留。

碘

碘是一种重要的营养物质，在高剂量的情况下可能是有毒的，尤其是对有肾脏缺陷的人来说。

有毒金属

鱼可能含有重金属污染物，如汞。汞会在食物链中积累，所以食肉鱼的汞污染水平可能更高。

正常、健康的人不需要排毒。

排毒的真相

我们的身体有复杂的机制去除我们摄取的大部分有害物质。因此，"排毒"这个词是否具有真正的有效性值得怀疑。主流医学认为，这个观点只不过是一个耗费人们时间和金钱的营销神话。

结肠灌洗

结肠灌洗是一种潜在危险的方式，它将液体（通常是草药制剂，甚至咖啡）通过直肠灌入结肠，液体在排出前一直存在结肠内。尽管很多人支持结肠灌洗，但结肠不需要清洁，灌洗的做法可以穿孔结肠内壁，导致严重的并发症。人们甚至会死于结肠灌洗引起的感染。

产品	声称	真实情况
草药茶	草药茶有助于排出体内毒素	它们有利尿作用，使你排尿更多，给人一种冲刷的感觉
补充剂	用科学开发的维生素配方来滋养身体的解毒器官	虽然对一些缺乏症状有价值，但没有证据表明它们具备排毒功能
超级食物	一些食物，如大蒜，有助于减少体内毒素的累积	它们可能含有大量的维生素和矿物质，对我们的健康至关重要
排毒贴	排毒贴将毒素从皮肤中排出	没有证据表明毒素可以通过皮肤排出
热量限制	禁食或低热量饮食可以帮助排毒和减肥	否认身体所需的营养物质会导致严重的健康问题
泻药	泻药可以帮助净化结肠	经常使用会导致依赖性，如果没有它们，你可能很难排出废物

受欢迎的饮食

　　2014年，世界卫生组织报告称，全球39%的成年人超重或肥胖，节食从未像现在这样流行或必要。但是饮食方式种类这么多，哪一种被科学证明是健康有效的呢？对某些饮食，大家是一致认可的，但对于一些其他饮食方式，评审委员会还没有定论。

生活方式的选择

　　"饮食"这个词经常被用来谈论短期或在一个固定的时间内的饮食习惯的重大调整。减肥通常可以通过改变饮食来实现，但如果生活方式长期没有改变，减肥结果就不太可能实现。事实上，如果节食者轻易回到以前的习惯，那么体重肯定会有反弹。对于可持续减肥的维持，健康的选择需要转变成终生的行为。

到2025年，全球肥胖人群比例**男性**可能达到18%，**女性**为21%。

速效饮食有效吗？

虽然极低热量饮食会导致快速减肥，但即使什么也不吃，一周内减掉多于*1.5 kg*的脂肪也是不可能的。

饮食	它的目的是什么？应该如何起作用？
低热量饮食	减肥的基本概念是摄入的热量比使用的热量少，精准计算热量可以确保这样的情况。
低脂饮食	脂肪的热量含量很高，所以减少脂肪的摄入量可以降低总热量，有助于减肥。在过去，人们认为低脂饮食有助于降低胆固醇和患心脏病的风险。
极低热量饮食	通过大幅减少热量摄入，极低热量饮食旨在促进快速、短期的减肥。
低碳饮食	低碳饮食者声称碳水化合物比脂肪更容易储存。减少碳水化合物的摄入量，身体在酮症时燃烧脂肪，从而导致体重下降。
低血糖指数饮食	血糖指数用来衡量食物升高血糖水平的速度。低血糖指数的食物会让你更有饱腹感，防止身体产生过多的胰岛素（它能促进脂肪储存）。
高纤维饮食	纤维的摄入能使饱腹感持续很长一段时间，减少你觉得需要摄入的食物量。大部分纤维食物不会被消化，所以不会提供太多的热量。
地中海地区的饮食	地中海人民过着长寿而健康的生活。许多人都试着模仿他们的饮食，希望得到同样的益处。
原始饮食	支持者声称，自从旧石器时代以来，我们就没有进化过，所以我们不能将农业生产的食物进行加工。通过复制我们祖先的饮食，他们声称我们将更健康。
间歇性禁食	通过严格控制每天或者每周的热量摄入，通过降低总体热量摄入，来促使脂肪燃烧和减轻体重。
净食	基于"全食物"的理念，净食者建议食物不进行任何"加工"，以达到更高质量的饮食，产生更久的饱腹感，更注意摄入的食物。
碱性饮食	声称者认为一些食物具有酸性的作用，身体需要花费大精力才能控制其pH值。摄入碱性食物是为了缓解压力，改善健康。
益寿饮食	这种饮食注重的是饮食均衡，主要摄入当地生产的食物，或时令食物。摄入的食物因人而异，而非遵守严格的膳食指南。
血型饮食	提倡这种饮食的人认为，不同的血型会影响食物的消化，为了最好的健康，应该摄入适合不同血型的食物。

速效和燃烧

　　有一种持续流行的减肥餐是卷心菜汤，或在一周内只吃低热量的汤（或少量其他食物）。很多专家都指责这只是一种应急措施，因为减掉的大部分体重都是水而不是脂肪。由于减少热量摄入会导致身体燃烧糖原来获取热量，糖原可以保持水分，使用糖原就意味着会释放"水的重量"，从而减轻体重，但这种情况很快就会恢复。

卷心菜汤

它由什么组成？人们吃什么或避免什么？	有证据表明它有效吗？
没有什么食物是严格禁止的，但分量要受到控制，低能量密度的食物是首选。	是的，减少热量摄入是一种减肥的方法，但是很难坚持下去，因为需要跟踪吃的每样东西。
节食者转而食用低脂的产品，如奶酪和酸奶，并吃瘦肉。高脂肪食物是受限制的，如油和油制品。	低脂产品通常含糖量很高，可能不会感觉到吃饱。尽管低脂饮食是一种减少热量的方法，但一些脂肪（如橄榄油和油性鱼中的不饱和脂肪）对健康来说是必要的。
某些或所有的膳食都替换成了营养均衡、低热量、现成的饮料、汤或食物棒。其他任何食物都应是健康和低脂肪的，这类产品可能很贵。	一开始可能会导致快速减肥，但产品缺乏普通食物的很多好处。不能长期使用，也不能改变饮食习惯，所以当节食停止时体重往往会恢复。
面包、面条、谷物和淀粉类蔬菜都是禁止的。在一些极端情况下，许多水果和蔬菜在饮食开始时也是禁止的。蛋白质和脂肪是不受限制的。	限制精制碳水化合物的食物是明智的，因为它们能量密度高，容易吃得过多，但少吃水果和蔬菜是不明智的。低碳饮食可以帮助短期减肥，但长期的后果还不清楚。
推荐食用全谷物产品，因为它们的血糖指数通常较低。只有碳水化合物才进行血糖指数评级，所以脂肪和蛋白质是不受限制的。	低血糖指数并不总是健康的，例如，薯片比煮土豆的血糖指数更低。但低血糖指数饮食可能对预防和治疗肥胖及相关疾病有好处，如2型糖尿病。
全麦谷物、水果和蔬菜（特别是带皮的）是很好的纤维来源。加工食品一般不含纤维，脂肪和蛋白质也不含纤维。	高纤维饮食可以帮助减肥，并有很多其他的健康益处，比如降低某些癌症的风险，降低胆固醇水平，有助于肠道有益细菌。
传统的地中海饮食主要集中在新鲜蔬菜、全谷物、橄榄油、大蒜和一些鱼、水果和酒。糖、红肉和加工食品都是受限制的。	有一些证据表明，橄榄油可以预防一系列与老年化有关的疾病。这种以植物为基础、高纤维的饮食方式也使它成为一个不错的选择。
大多数谷物和奶制品都是要避免的，可以食用大量的肉类、绿叶蔬菜和坚果。加工食品、盐和糖也是要避免的。	少吃加工食品、多吃蔬菜是好事，但没有证据表明我们大多数人都很难消化处理谷物。我们的祖先没有特定的饮食，而且我们已经适应了多种饮食方式。
在特定的日子或特定的时间里，支持者通常会大幅度限制热量摄入，在其他时间正常饮食。在禁食的日子里，某些禁食方式只允许摄入500卡路里的热量，这是非常少的。	越来越多的证据表明禁食对健康是有好处的。许多人通过这种饮食方式减肥，因为在不禁食的日子里不受限制，这可以与忙碌的生活方式相适应。
人们现在都关注昂贵的"超级食物"，如奇亚籽、枸杞和有机甘蓝。普通的糖是不允许的，但是蜂蜜、枫糖浆和椰子糖是可以的，在家里加工的食物也是可以的。	有些理念是合理的，如食用更多的水果和蔬菜，更少的精制碳水化合物、糖和盐，但是一些建议是不合逻辑的，如蜂蜜中的糖和精制糖对你来说同样有害。
建议食用柠檬水使身体更碱性。鼓励多吃水果和蔬菜，肉类、奶制品和大多数谷物都被排除在外。	血液的pH值是受到严格控制的。酸性血液说明患了严重的疾病，喝柠檬水也无济于事。然而，这种饮食关注于新鲜水果和蔬菜是有益的。
鼓励食用全谷物、蔬菜和豆类。奶制品、鸡蛋、肉类、热带水果和茄类蔬菜（包括西红柿和茄子）是要避免的。	有助于减少食物和肉类摄入量，但支持者会错过一些健康的食物。这种饮食关注于蔬菜和全谷物，限制脂肪和糖，这可以帮助减肥。
基于血型进化的时间和当时祖先所吃的东西，O型血的人应该吃原始饮食，肉类较多；A型血的人应该是素食者；B型血的人可以食用更多的奶制品。	没有证据表明血型会影响我们消化处理食物的方式，也没有证据表明这种饮食能改善健康。血型什么时候发生了进化的理论并不被基因证据所支持。

过　　敏

过敏是身体对一种正常、无害物质的过度敏感的免疫反应。食物过敏会引起各种症状，从不舒服到危及生命。

过敏是如何产生的

食物过敏的人通常是接触了特定食物中的特定蛋白质，然后他们身体的免疫系统做出了不适当的反应。过敏会促使化学物质释放到血液中，使身体的不同部位恶化或发炎。食物过敏可能会引起皮肤问题，如瘙痒和湿疹，还可以导致消化问题，包括恶心和腹泻。严重过敏也可能导致哮喘，甚至是一系列的速发性过敏反应，这可能是致命的。

1% ~ 2%的成人和8%的英国儿童对食物过敏。

花生

没有任何症状

越来越多的过敏

食物过敏在发达国家呈上升趋势，但科学家不确定是什么原因。一个流行的观点是"卫生假设理论"，这种理论指出，现在的孩子没有像过去的孩子那样，遇到很多诸如细菌的病原体，这在某种程度上影响了他们免疫系统的自然发育。另一个观点提出节食、抗生素和保健等现代生活方式干扰了我们的肠道菌群。由于这些微生物可以调节我们的免疫系统，受干扰后可能会影响我们的免疫细胞，引发过敏。

细菌

首次暴露

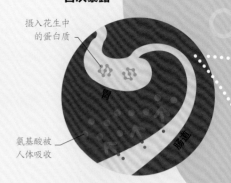

摄入花生中的蛋白质

胃

氨基酸被人体吸收

肠道

1 蛋白质被吸收

诱发性的食物，比如花生，在摄入后，它的蛋白质被分解为氨基酸，然后被肠道吸收。暴露也可以通过皮肤接触或吸入等方式。

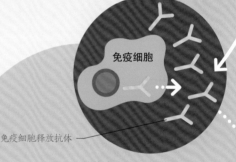

免疫细胞

免疫细胞释放抗体

2 抗体产生

如果对花生过敏，身体的免疫细胞会产生针对特定过敏原的特异性抗体。抗体可以在血液中传播。

抗体与肥大细胞结合

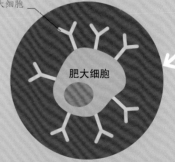

肥大细胞

3 肥大细胞

抗体与被称为肥大细胞的白细胞表面相结合，这些细胞会变得敏感。在这个阶段，不会产生过敏的症状，但是细胞已经为第二次接触做好准备。

随后的暴露

如何诊断过敏

可以通过详细的病史和对特定食物抗体的皮肤针刺测试或血液测试结合在一起来诊断食物过敏。食物排除、盲试验和安慰剂对照的经口测试对过敏诊断都是有效的，但必须在仔细的监督下进行。

皮肤针刺试验

医生使用微量的疑似过敏原来刺穿病人的皮肤，产生局部的过敏性反应，主要表现为凸起和发红。

治疗方案

治疗过敏的主要方法是避免接触触发食物，但这并不容易。在严重的情况下，即使是极小量的过敏原也会引起过敏反应。药物可以用于预防和减轻过敏反应的症状。对于轻度过敏，如花粉过敏，抗组胺剂可以阻止受体与组织胺化学物质结合。

自动注射器

紧急治疗

患有严重过敏的人可能需要随身携带两支自动注射的肾上腺素（一种装有弹簧的注射器），用于紧急治疗。肾上腺素可以缩小血管，舒缓血压，减轻肿胀。

肿胀的喉咙

胀的嘴唇

肥大
细胞

蛋白质与抗体
结合

花生

肿胀的手

4 蛋白质与抗体结合
在随后的暴露中，肥大细胞识别蛋白质过敏原，然后将其与肥大细胞上的抗体结合，激活了细胞的脱粒过程。

过敏症状出现

只有在极端情况下

肥大细胞

化学物质释放，
如组织胺

全身过敏反应

化学物质身体全
部部位释放

腹部疼痛

5 肥大细胞释放化学物质
随着肥大细胞的脱粒，它会向血液中释放出组织胺和其他化学物质，这些化学物质可以使身体产生不同的过敏症状。

6 速发性过敏反应
在速发性过敏反应下，整个身体在很短促的时间内受到影响，导致一系列的极端症状，如喉咙肿胀、严重哮喘和血压下降等。此时，必须进行急救。

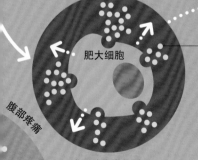

不耐症

当身体无法消化某种食物成分时，就会产生不耐症。它不同于过敏，因为它们不会使免疫系统恶化。人们可能对一系列食物产生不耐受，这种不耐受可能是与生俱来的，也可能是长大后变得敏感。

不耐症的原因是什么？

当身体没有特定的消化酶来帮助分解营养物质时，不耐症就会发生。有时导致不耐症的可能是食物的一部分，比如人工添加剂、天然化学物质或毒素。不耐受症状通常在进食后数小时出现，并可能持续数天。不耐症的症状也大不相同，但通常包括恶心、腹胀、痉挛和腹泻。少数情况下，在胃肠炎或抗生素疗程过后会出现暂时性的不耐症。

诊断

由于症状延迟，且多种不同的不耐症并发反应，不耐症很难进行诊断。排他饮食指导病人从饮食中除去具有潜在问题的食物数周，观察症状是否改善。如果食物重新引入后症状复发，就被诊断为不耐症。

食物			
	排斥期	再引入期	

症状

耐受性

时间 →

创造耐受性
在某些情况下，延长食物的排除期（几个星期到几个月），会导致耐受性上升。重新引入小剂量的食物可能会耐受，不耐受症状可能随着时间的推移而减轻。

人们对**鳄梨**的不耐受源于对鳄梨中**酪胺物质**的敏感性。

乳糖不耐症
乳糖不耐症是最常见的。它是由于缺乏乳糖酶，乳糖不能得到分解导致的。如果没有乳糖酶，乳糖会被结肠的细菌发酵。

半乳糖 ——

葡萄糖 ——

酸奶

活菌
研究表明，含有益生菌（细菌）的酸奶有助于缓解乳糖不耐症的症状，因为益生菌会帮助分解乳糖。

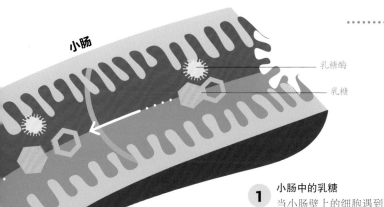

小肠

乳糖酶
乳糖

1 小肠中的乳糖
当小肠壁上的细胞遇到乳糖时,它们开始分泌消化性的乳糖酶。

2 乳糖被乳糖酶消化分解
乳糖酶将乳糖分解成两种较小的糖,半乳糖和葡萄糖。

3 半乳糖和葡萄糖被吸收
半乳糖和葡萄糖这两种小分子糖经小肠吸收到血液中。

1 未消化的乳糖
乳糖不耐症的人不产生乳糖酶,所以乳糖不能被吸收,而是进入了大肠。

念珠菌是什么?

念珠菌是体内自然生长的一种酵母菌群,最常见于口腔和阴道。念珠菌也可能生活在肠道中,作为正常肠道菌群的一部分。人们通常认为,肠道中念珠菌的过度生长会导致过敏性大肠综合征。但研究表明,这可能是反过来的,过敏性大肠综合征可能会扰乱肠道菌群的平衡,并导致念珠菌的生长。这可能会导致类似于过敏性大肠综合征的症状,甚至是持续性的食物不耐症:恶心、气体、腹泻。这就错误地将这些折磨人的症状归咎于念珠菌。

念珠菌

为什么乳糖不耐症会在以后的生活中发作?

乳糖酶的分泌量随着年龄的增长而降低,因此随着年龄的增长,消化乳制品的能力也会降低。

细菌发酵乳糖

2 细菌发酵
生活在大肠中的细菌发酵乳糖,产生气体和酸。

3 肠道内的症状
酸促使水入肠道,引起腹泻,而发酵产生的气体会引起腹胀和不适。

由细菌释放的气体和酸

大肠

未消化的乳糖进入大肠

排除饮食

对于那些患有食物过敏或不耐症的人来说，通常唯一的治疗方法是避免接触诱发性食物。不幸的是，如果他们不小心，这可能会导致某些营养物质缺乏。

过敏和不耐症

身体对某些食物中蛋白质的不良免疫反应会导致各种过敏症状，从瘙痒和皮疹，再到恶心和过敏性休克。食物过敏在儿童中发病率较高，多于5%，但在成人中较少。对于食物不耐受的情况，症状主要由某些消化酶的缺乏，如乳糖不耐症，或由于食物中化学物质的直接作用导致。

> 食物过敏存在很大的地区差异性。在亚洲，对大米过敏是最常见的一种情况。

诱发性食物

在英国和欧洲出售的任何预包装的食品或饮料如果含有右侧所显示的任何成分，它必须清楚地在标签上标明。然而，在世界其他地方，不同的诱发性食物更常见。

乳制品的营养物质	可替代营养来源
钙	绿叶蔬菜、强化牛奶替代品
锌	红肉、全谷物制品
维生素B$_2$	牛肝、羊肉、巴旦木
维生素D	阳光、油性鱼、强化牛奶替代品、强化谷物

零乳糖饮食

减少奶制品意味着失去了一个珍贵的营养物质来源，但是将牛奶产品换成大豆、大米和坚果奶等替代品是很容易的。乳制品中的大量钙、锌和维生素也有很多的替代来源。

木本坚果

木本坚果包括腰果、巴西坚果、榛子、核桃和巴旦木，不包括花生，它是豆科植物。木本坚果过敏的人通常对大多数木本坚果都过敏。

鸡蛋

鸡蛋是最常见的食物过敏原，特别是在儿童中。幸运的是，大多数孩子在十岁以上的时候就会脱离鸡蛋过敏的苦恼。

芥末

尽管非常罕见，但在那些芥末（包括芥菜籽）在饮食中起很大作用的国家里，芥末过敏通常更常见，如法国。

羽扇豆

羽扇豆和花生同属于豆类家族，和花生一样，它的过敏原可以引发速发性过敏反应。羽扇豆粉和种子有时用于烘烤和意大利面。

软体动物

软体动物包括扇贝、贻贝、蛤蚌、牡蛎、章鱼和鱿鱼。它们最近才被欧盟加入强制性标注的过敏原名单。

大豆

大豆被广泛用于加工食品和亚洲酱料。对大豆过敏是很常见的，特别是在儿童中，但症状通常比较轻微。

奶

奶牛（或其他动物）的奶是最常见的过敏原之一，尤其是对于儿童。它与不产生过敏症状的乳糖不耐症不同。

小肠

乳糖酶

乳糖

1 小肠中的乳糖
当小肠壁上的细胞遇到乳糖时，它们开始分泌消化性的乳糖酶。

2 乳糖被乳糖酶消化分解
乳糖酶将乳糖分解成两种较小的糖，半乳糖和葡萄糖。

3 半乳糖和葡萄糖被吸收
半乳糖和葡萄糖这两种小分子糖经小肠吸收到血液中。

1 未消化的乳糖
乳糖不耐症的人不产生乳糖酶，所以乳糖不能被吸收，而是进入了大肠。

念珠菌是什么？

念珠菌是体内自然生长的一种酵母菌群，最常见于口腔和阴道。念珠菌也可能生活在肠道中，作为正常肠道菌群的一部分。人们通常认为，肠道中念珠菌的过度生长会导致过敏性大肠综合征。但研究表明，这可能是反过来的，过敏性大肠综合征可能会扰乱肠道菌群的平衡，并导致念珠菌的生长。这可能会导致类似于过敏性大肠综合征的症状，甚至是持续性的食物不耐症：恶心、气体、腹泻。这就错误地将这些折磨人的症状归咎于念珠菌。

念珠菌

为什么乳糖不耐症会在以后的生活中发作？

乳糖酶的分泌量随着年龄的增长而降低，因此随着年龄的增长，消化乳制品的能力也会降低。

细菌发酵乳糖

2 细菌发酵
生活在大肠中的细菌发酵乳糖，产生气体和酸。

3 肠道内的症状
酸促使水入肠道，引起腹泻，而发酵产生的气体会引起腹胀和不适。

由细菌释放的气体和酸

大肠

未消化的乳糖进入大肠

排除饮食

对于那些患有食物过敏或不耐症的人来说，通常唯一的治疗方法是避免接触诱发性食物。不幸的是，如果他们不小心，这可能会导致某些营养物质缺乏。

过敏和不耐症

身体对某些食物中蛋白质的不良免疫反应会导致各种过敏症状，从瘙痒和皮疹，再到恶心和过敏性休克。食物过敏在儿童中发病率较高，多于5%，但在成人中较少。对于食物不耐受的情况，症状主要由某些消化酶的缺乏，如乳糖不耐症，或由于食物中化学物质的直接作用导致。

> 食物过敏存在很大的地区差异性。在亚洲，对大米过敏是最常见的一种情况。

诱发性食物

在英国和欧洲出售的任何预包装的食品或饮料如果含有右侧所显示的任何成分，它必须清楚地在标签上标明。然而，在世界其他方，不同的诱发性食物更常见。

乳制品的营养物质	可替代营养来源
钙	绿叶蔬菜、强化牛奶替代品
锌	红肉、全谷物制品
维生素B$_2$	牛肝、羊肉、巴旦木
维生素D	阳光、油性鱼、强化牛奶替代品、强化谷物

零乳糖饮食

减少奶制品意味着失去了一个珍贵的营养物质来源，但是将牛奶产品换成大豆、大米和坚果奶等替代品是很容易的。乳制品中的大量钙、锌和维生素也有很多的替代来源。

木本坚果

木本坚果包括腰果、巴西坚果、榛子、核桃和巴旦木，不包括花生，它是豆科植物。木本坚果过敏的人通常对大多数木本坚果都过敏。

鸡蛋

鸡蛋是最常见的食物过敏原，特别是在儿童中。幸运的是，大多数孩子在十岁以上的时候就会脱离鸡蛋过敏的苦恼。

芥末

尽管非常罕见，但在那些芥末（包括芥菜籽）在饮食中起很大作用的国家里，芥末过敏通常更常见，如法国。

羽扇豆

羽扇豆和花生同属于豆类家族，和花生一样，它的过敏原可以引发速发性过敏反应。羽扇豆粉和种子有时用于烘烤和意大利面。

软体动物

软体动物包括扇贝、贻贝、蛤蚌、牡蛎、章鱼和鱿鱼。它们最近才被欧盟加入强制性标注的过敏原名单。

大豆

大豆被广泛用于加工食品和亚洲酱料。对大豆过敏是很常见的，特别是在儿童中，但症状通常比较轻微。

奶

奶牛（或其他动物）的奶是最常见的过敏原之一，尤其是对于儿童。它与不产生过敏症状的乳糖不耐症不同。

富含谷蛋白食物中的营养物质	可替代营养来源
纤维	豆类、水果、蔬菜、坚果
B族维生素	不含谷蛋白的全谷物，如糙米和藜麦
维生素D	阳光、油性鱼类、强化乳制品
叶酸	绿叶蔬菜、豆类
铁	肉、绿叶蔬菜
钙	乳制品
锌	红肉、乳制品
镁	绿叶蔬菜、坚果类和籽类

花生

花生过敏是最常见的食物过敏之一，儿童花生过敏在过去几年里一直在增加。即使是痕量的暴露也会导致潜在的致命速发性过敏反应。

谷蛋白

由小麦、黑麦和大麦中的谷蛋白引起的不耐症正在世界各地蔓延，可能是由于西方化饮食的普及，以及大米制品逐渐被小麦产品所替代。

鱼

包括金枪鱼、鲑鱼和大比目鱼在内的鱼类会引起一些人的严重过敏反应。它不应与我们对弧菌释放的组织胺的反应相混淆，对组织胺的反应是食物中毒。

甲壳类动物

甲壳类动物被认为引发了最多的严重过敏反应。成年人通常会出现对螃蟹、龙虾和虾类的过敏反应。

芝麻

芝麻通常以粉、油和糊的形式食用。虽然相对不常见，但在对其他食物过敏的人当中，芝麻过敏更为常见。

无谷蛋白饮食

无谷蛋白食物有很多种，但是无谷蛋白饮食可能会造成营养缺乏。许多天然和未加工的食物可以帮助弥补纤维、维生素和矿物质的不足。

排除饮食的危险

排除饮食可能会导致营养不良，特别是在儿童中。如果儿童没有得到正确、均衡的蛋白质、碳水化合物、脂肪以及必需的维生素和矿物质，他们的生长和发育可能会受到影响，也有可能患上各种疾病。对患有过敏症的孩子的父母来说，了解如何将孩子的饮食中缺少的营养物质进行替换补足是很重要的。

亚硫酸盐

亚硫酸盐在腌菜、干食品和酒精饮料等产品多被用作防腐剂。尽管不常见，但亚硫酸盐不耐受会产生类似哮喘的症状。

芹菜

块根芹和芹菜暴露会引起严重的症状，包括过敏性休克。它在欧洲地区最为常见。

生长矮小
与同龄人相比，患有多种食物过敏的儿童的平均身高相对较矮，产生了与饮食有关的生长问题。

正常的　　　矮小的

佝偻病
由于牛奶过敏，不能摄入足够的钙和维生素D，已经出现了儿童佝偻病（骨软化症）。

—— 畸形的腿骨

受影响孩子

饮食与血压

除了其他生活方式选择之外，我们吃喝的东西对血压有着直接的影响。高血压是一种慢性疾病，可以导致心血管疾病。然而，这种"沉默的杀手"是可以预防和治疗的。

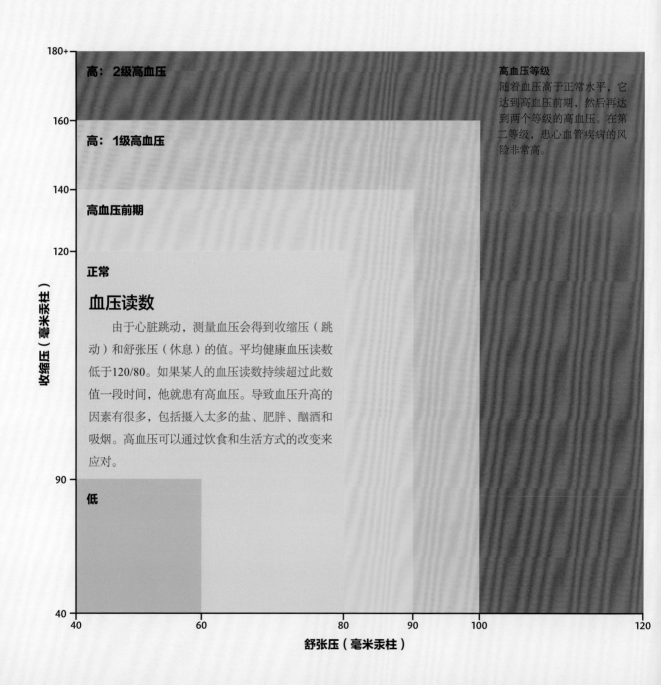

高：2级高血压

高：1级高血压

高血压前期

正常

高血压等级
随着血压高于正常水平，它达到高血压前期，然后再达到两个等级的高血压。在第二等级，患心血管疾病的风险非常高。

血压读数

由于心脏跳动，测量血压会得到收缩压（跳动）和舒张压（休息）的值。平均健康血压读数低于120/80。如果某人的血压读数持续超过此数值一段时间，他就患有高血压。导致血压升高的因素有很多，包括摄入太多的盐、肥胖、酗酒和吸烟。高血压可以通过饮食和生活方式的改变来应对。

低

收缩压（毫米汞柱）

舒张压（毫米汞柱）

180+
160
140
120
90
40

40 60 80 90 100 120

为什么高血压是危险的?

　　虽然高血压的症状很少有，但如果不及时治疗，心脏就会逐渐变大，活力降低。慢慢地，血管、肾脏、眼睛和身体的其他部位会遭到破坏。随着血压升高，动脉壁变得越来越粗，动脉变得越来越窄，导致血液流动减慢甚至停止。这就增加了心脏病发作、心力衰竭和中风的风险。

如果我不能放弃盐怎么办?

可以替换为普通食盐。这些通常含有钾而不是钠。然而，过量的钾对肾脏有问题的人来说是很危险的。

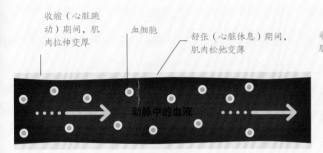

正常的血压

健康的动脉
正常的血压随着心脏收缩和舒张从高到低变动。动脉壁的肌肉通过规律的收缩和舒张来响应这些波动。

收缩（心脏跳动）期间，肌肉拉伸变厚

血细胞

舒张（心脏休息）期间，肌肉松弛变薄

动脉中的血液

慢性高血压

动脉狭窄
如果血压很高，动脉必须更努力地抵抗压力，动脉壁会变得更坚固更厚。由于动脉变窄，血压就会进一步升高。

收缩期拉伸的肌肉更厚

血液流动受阻

饮食解决方案

　　降低血压的最好方法是减少食盐的摄入量和保持健康的体重。钠是食盐中危险的成分，低钠盐的摄入对降低血压会有帮助。更广泛地说，可以降低高血压的得舒饮食是美国提倡的，饮食重点是多吃水果、蔬菜和全谷物，以及减少盐、饱和脂肪和酒精。尽管它不是为减肥而设计的，这种饮食比较适合于减少部分体重。得舒饮食已被证明可以降低血压、降低胆固醇、提高胰岛素敏感性。

世界范围内，未加控制的高血压的人数超过10亿。

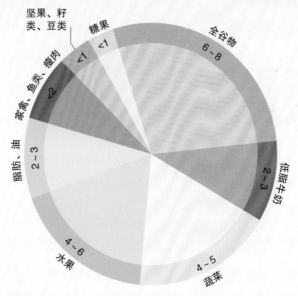

坚果、籽类、豆类 <1

糖果 <1

全谷物 6~8

家禽、鱼类、瘦肉 <2

低脂牛奶 2~3

脂肪、油 2~3

蔬菜 4~5

水果 4~6

食物构成
得舒饮食为每天每类食物的摄入比例给出了指导。对于坚果、种子和豆类，建议量是每周4~5份；糖果，每周5份或更少。

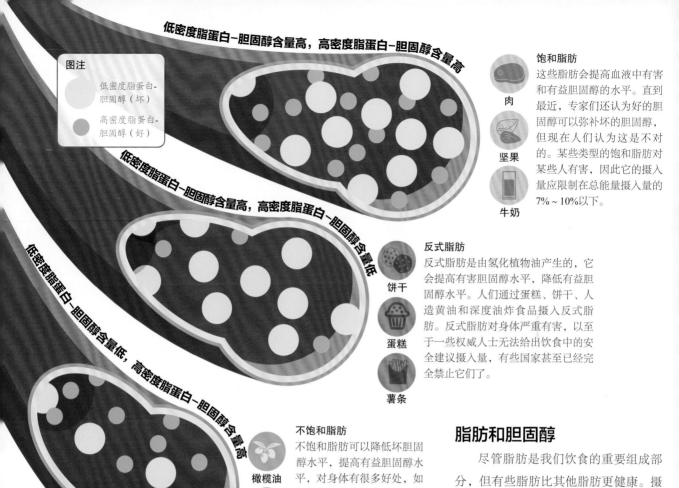

低密度脂蛋白-胆固醇含量高，高密度脂蛋白-胆固醇含量高

图注

○ 低密度脂蛋白-
胆固醇（坏）

● 高密度脂蛋白-
胆固醇（好）

低密度脂蛋白-胆固醇含量高，高密度脂蛋白-胆固醇含量低

低密度脂蛋白-胆固醇含量低，高密度脂蛋白-胆固醇含量高

饱和脂肪

肉

坚果

牛奶

这些脂肪会提高血液中有害和有益胆固醇的水平。直到最近，专家们还认为好的胆固醇可以弥补坏的胆固醇，但现在人们认为这是不对的。某些类型的饱和脂肪对某些人有害，因此它的摄入量应限制在总能量摄入量的7%～10%以下。

反式脂肪

饼干

蛋糕

薯条

反式脂肪是由氢化植物油产生的，它会提高有害胆固醇水平，降低有益胆固醇水平。人们通过蛋糕、饼干、人造黄油和深度油炸食品摄入反式脂肪。反式脂肪对身体严重有害，以至于一些权威人士无法给出饮食中的安全建议摄入量，有些国家甚至已经完全禁止它们了。

不饱和脂肪

橄榄油

鳄梨

鲑鱼

不饱和脂肪可以降低坏胆固醇水平，提高有益胆固醇水平，对身体有很多好处，如降低血压和降低患心脏病的风险。橄榄油是单不饱和脂肪的良好来源，它对胆固醇水平的有益影响可能是地中海饮食健康的关键。

脂肪和胆固醇

尽管脂肪是我们饮食的重要组成部分，但有些脂肪比其他脂肪更健康。摄入不同类型的脂肪会影响血液中不同类型胆固醇的水平（见第30～31页），产生正面或负面的影响。与坏胆固醇会导致动脉壁的脂肪堆积相比，好胆固醇会把胆固醇输送到肝脏进而清除。

心脏病与中风

饮食在心脏病发作中起着重要的作用，在发达国家，心脏病是导致死亡的主要原因。通过选择性摄入某些食物，我们可以调节导致心脏病和中风发作的关键条件，包括高含量的胆固醇、高血压和肥胖。

心脏病是可逆的？

通过激进饮食和改变生活方式，一些人已经可以阻止心脏病的发作，并改善了心脏的血液流动。

胆固醇和心脏病

在饮食中摄入较少抗氧化剂（抗氧化剂在水果和蔬菜中含量丰富）的人群中，过多的胆固醇可能会导致动脉壁的脂肪堆积（动脉粥样硬化）。身体会按照炎症来处理这种脂肪堆积，最终导致动脉壁肿胀、增厚。这会限制血液流动，远离此处的器官组织就会缺氧。如果这种情况发生在冠状动脉中，它会导致心脏组织的死亡。如果组织死亡过多，会导致心脏病发作或心脏衰竭。

610000
每年死于心脏病的美国人的人数大约为61万人。

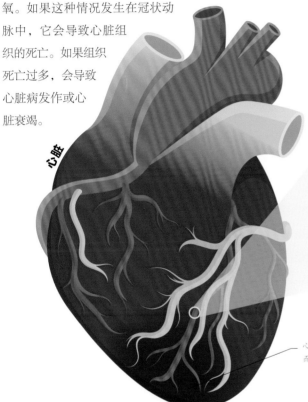

心脏

心脏组织因缺氧而停止工作

血管

血细胞

有害低密度脂蛋白-胆固醇携带脂肪到动脉壁

动脉壁增厚

脂肪堆积（动脉粥样硬化）

有益高密度脂蛋白-胆固醇

狭窄的动脉

限制血液流动
坏胆固醇将脂肪携带至动脉壁，使脂肪沉积，缩小动脉。脂肪沉积可能最终会破碎，导致血液凝块并完全堵塞血管。当这些阻塞出现在大脑的动脉中时，就会导致中风。

为心脏和大脑准备的食物

某些食物可以降低血液的黏性，从而对心脏产生有益的影响。摄入 ω-3 脂肪酸可以降低血液的黏度，降低血液凝结的风险，大蒜就具有这样的功效。其他食物可以使血管扩张，让更多的血液通过。绿叶蔬菜，有助于产生一氧化氮，可以放松血管。适度饮酒也可以降低心脏病和中风的风险（见第165页）。

大蒜

绿叶蔬菜

糖尿病

胰岛素是一种激素，可以帮助肌肉和脂肪细胞吸收葡萄糖。当胰腺不能产生胰岛素或细胞对胰岛素变得不敏感时，就会产生糖尿病。如果细胞不能吸收葡萄糖，血糖水平就会变得非常高。

类型1和类型2

在1型糖尿病中，胰脏内分泌胰岛素的细胞被破坏，分泌少量或不能分泌胰岛素。在2型糖尿病中，胰腺分泌胰岛素，但肌肉和脂肪细胞不能通过吸收葡萄糖来响应，血糖水平变得很高。1型糖尿病通常发病较早，2型糖尿病倾向于后期产生，并与肥胖有关。2型糖尿病约占病例总数的90%，在全球范围内呈上升趋势。

视力问题和失明

增加中风的风险

增加患心脏病的风险

长期风险
随着时间的推移，较高的血糖水平会损害身体各处组织中的血管，最终可能会损害眼睛和肾脏，也会增加各种心血管疾病的风险。

肾功能衰竭

足溃疡和感染

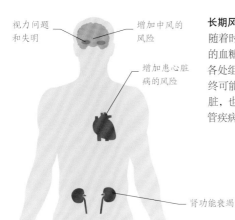

1 内脏脂肪堆积
在数年或几十年里，脂肪在肌肉、器官和动脉中逐渐堆积。

心包脂肪

心脏

脂肪肝

肝脏

胃

内脏脂肪

肠道

肌内脂肪

为什么女性在怀孕期间会患上糖尿病？

女性怀孕期间产生的激素有时可以抵消胰岛素的功能，从而导致妊娠期糖尿病。在大多数情况下，这只是暂时的。

2 葡萄糖进入系统
食物中的碳水化合物通过消化，葡萄糖进入血液。促使胰腺细胞分泌胰岛素到血液中。

3 胰岛素如何工作？
当血糖水平升高时，胰腺会分泌胰岛素。胰岛素刺激肌肉和脂肪细胞上触发受体，在细胞膜上打开通道，让葡萄糖进入。

预防和管理

减肥是预防和控制2型糖尿病最好的方法。有证据表明，地中海饮食有助于稳定血糖水平，也有一些研究表明，低碳饮食、低血糖指数饮食和高蛋白饮食对此也有所帮助。

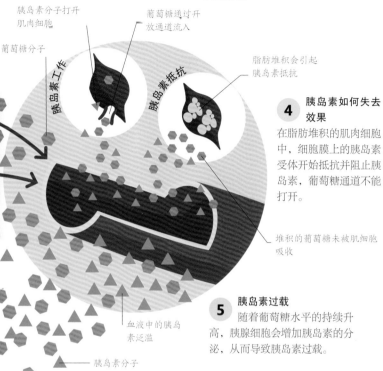

胰岛素分子打开肌肉细胞

葡萄糖通过开放通道流入

葡萄糖分子

胰岛素工作

脂肪堆积会引起胰岛素抵抗

胰岛素抵抗

4 胰岛素如何失去效果
在脂肪堆积的肌肉细胞中，细胞膜上的胰岛素受体开始抵抗并阻止胰岛素，葡萄糖通道不能打开。

堆积的葡萄糖未被肌细胞吸收

血液中的胰岛素泛滥

胰岛素分子

5 胰岛素过载
随着葡萄糖水平的持续升高，胰腺细胞会增加胰岛素的分泌，从而导致胰岛素过载。

做	不要做
每天吃大量不含淀粉的水果和蔬菜	摄入过多含有碳水化合物和热量的加工食品
制订饮食计划，并熟悉血糖指数	过度进食，会导致血糖水平飙升
喝大量的水，有助于稀释血液	为了避免血糖反复，不吃饭或不规律地进食
注意隐藏的碳水化合物，尤其是在果汁中	大量饮酒，会导致血糖水平升高
选择健康的脂肪和低糖的替代食物	摄入太多的盐，因为糖尿病患者通常会患高血压

肥胖和胰岛素抵抗

肥胖是2型糖尿病的最佳预测指标。全球各地区肥胖和糖尿病的发病率已上升到近乎流行病的程度。大多数肥胖的人不仅在外部有明显的脂肪储存，在身体内部也隐藏着脂肪。这种隐藏脂肪会增加肌肉和脂肪细胞对胰岛素的抵抗力，因此，不管胰岛素水平升高多少，这些细胞都无法产生反应，不能吸收葡萄糖。然后，糖在血液中积聚，过多时会使血液变得黏稠、糖浆化，而且容易感染。

计算碳水化合物

患有1型糖尿病的人，以及那些服用药物的2型糖尿病患者，可能会选择计算他们在每顿饭或零食中摄入的碳水化合物含量，这样就知道后续给自己注射多少胰岛素。过量用药会导致一段低血糖时期，这可能会非常危险。

世界卫生组织预测，在未来10年，糖尿病总死亡人数将上升到50%。

癌症、骨质疏松症与贫血

我们选择吃什么和喝什么会直接影响健康，并最终影响寿命。通过摄入更多的特定食物和饮料，限制其他食物，我们可以降低患癌症、骨质疏松症和贫血等慢性疾病的风险。

癌症

食物和饮料似乎在不断地成为各种头条新闻，因为它们可以导致或治愈癌症。然而，对科学发现的解释可能是主观的，而且声称的"证据"往往具有误导性。癌症是一种非常多样的疾病，一种类型癌症的病因和治疗方案可能与另一种截然不同。然而，我们可以选择某些饮食，选择大多数专家都认为可以降低患癌症风险、改善总体健康的饮食。

专家认为，10%的癌症病例可以通过健康饮食避免。

这些发现从何而来？

这些发现大多来自欧洲癌症与营养前瞻性调查（EPIC），自20世纪90年代中期以来，该研究一直在追踪欧洲超过50万人的饮食和健康状况。

食管

口腔

诱发或治愈癌症的食物

通过健康均衡的饮食，可以合理地期望降低癌症患病的风险。然而，有越来越多的科学证据表明，某些食物和饮料可以诱发或帮助预防特定类型的癌症。

油性鱼类和ω-3脂肪

有几项研究已经证明，食用富含ω-3脂肪的油性鱼类可以降低女性患乳腺癌的风险。

肝脏

水果和蔬菜

摄入较多的水果可以降低上消化道癌症的风险，水果和蔬菜都可以降低患肠癌的风险。

肠

小肠

纤维

纤维摄入量的增加与肠道和肝脏等癌症发病的概率降低有关。纤维有助于保持肠道运动，可能会阻止致癌化合物的积累。

饱和脂肪
有证据表明，饱和脂肪的摄入量增加会增加女性患某些类型乳腺癌的风险。

酒精
即使是中等量，酒精也会增加多种癌症患病的风险，包括口腔癌、喉癌、食道癌、肝癌、乳腺癌和肠癌。

癌细胞

乳房

胃

食盐
食盐的摄入与胃癌有关。这可能是因为食盐损害了胃壁，或者是食盐使胃壁对其他致癌的化学物质更加敏感。

红肉和加工肉类
长期以来，人们一直认为导致肠道和胃癌的罪魁祸首是红肉，但新的研究对此表示怀疑。加工肉制品中的亚硝酸盐仍然被认为是危险因素。

骨质疏松症

如果骨骼不能吸收或保留足够的钙，它们就会变得脆弱，增加骨折的风险，产生一种叫作骨质疏松症的疾病。虽然骨质疏松在老年人中更常见，但这个过程可以开始得更早。激素含量在骨质疏松发病中起着重要作用，但不良饮食也可能是一个因素。

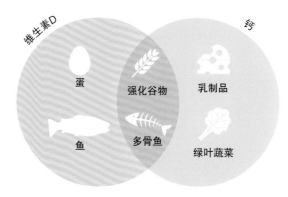

维生素D · 蛋 · 强化谷物 · 乳制品 · 鱼 · 多骨鱼 · 绿叶蔬菜 · 钙

对骨骼健康的食物
富含维生素D和钙的健康饮食可以预防骨质疏松症，其中包括乳制品、鱼和绿叶蔬菜。

贫血

当身体没有获得足够的铁来产生足够的红细胞来维持健康的血液循环时，就会导致缺铁性贫血。缺乏维生素B_{12}或B_9（叶酸）会导致巨细胞贫血症，这是一种罕见的红细胞太大以至于不能正常工作的病症。

铁 · 维生素B_{12} · 红肉 · 家禽 · 叶酸 · 深色绿叶蔬菜 · 全谷物/强化谷物 · 坚果和种子

预防贫血
可以通过在饮食中摄入充足的富含铁、维生素B_{12}及B_9的食物来预防贫血的发生。

怀孕期间吃什么

怀孕期间，饮食对孕妇和孩子的健康起着重要的作用。吃得好将有助于胎儿健康地发育，并确保胎儿出生时准妈妈的身体处于最佳状态。

享受食物

正确的均衡饮食是健康怀孕的关键。为了保持大量能量摄入，孕妇可以吃更多的未加工的淀粉，比如全谷物。良好的蛋白质和钙的来源，包括瘦肉和奶制品，对婴儿的成长和发育至关重要。每天至少吃5份水果和蔬菜，有助于孕妇们获得足够的维生素和矿物质，可以使她们和婴儿保持在最佳健康状态。均衡的饮食也有助于确保怀孕期间孕妈妈的体重增加保持在健康的范围之内。

对母亲和孩子都有好处

不同的食物中特殊的微量营养物质对孕妇和未出生的婴儿有特定的健康益处。在大多数情况下，这些都可以通过食用一定量的某些食物而获得，但对于某些维生素和矿物质，如叶酸（维生素B$_9$），建议通过膳食补充剂补足。

锰
在许多不同的食物中发现的一种矿物质，锰有助于发育中的胎儿形成骨、软骨和结缔组织。

镁
镁有助于胎儿骨骼和肌肉的发育，有助于防止子宫过早收缩。

胎盘

叶酸
叶酸（维生素B$_9$）对胎儿的发育至关重要。准妈妈缺乏叶酸会增加胎儿脊髓不能正常形成的风险，导致脊柱裂。

骨骼

脊柱

脊髓

血管

铜
铜在婴儿的心脏、血管、血细胞、骨骼和神经系统的形成中起着重要的作用。

碘
碘对大脑和神经系统的生长发育很重要。缺乏碘会导致认知和发育问题。

图注

鸡蛋	绿叶蔬菜	腰果	花生
面包	香蕉	鳄梨	牛奶
豌豆	蘑菇	奶酪	大豆
西蓝花	大米	全谷物	水果

钙
钙是骨骼和牙齿形成过程中必不可少的矿物质，所以确保孕期饮食中有足够的钙至关重要。

铁
胎盘和胎儿的生长对孕妇的铁供应都有很大的需求。为了供应胎盘，并创造胎儿的新的血细胞，孕妇的铁摄入量必须增加。

大脑

胆碱
胆碱在最近才归属为一种必需的营养物质，它是大脑和脊髓发育的关键。像叶酸一样，胆碱被认为可以降低神经缺陷的风险。

避免食用的食物

在正常、健康饮食中可以吃的一些食物在怀孕期间可能会产生风险，这可能是因为它们导致食物中毒的风险高于平均水平，也可能是因为它们含有的特定生物体或毒素，可以从母亲传给胎儿，影响其发育。

咖啡因
咖啡因的摄入量应该受到限制，因为高咖啡因摄入有可能会导致新生儿体重较轻或孕妇流产。

酒精
对于发育中的婴儿来说，酒精被认为是不安全的，所以准妈妈们应该完全避免饮酒。

软乳酪和蓝奶酪
在未经高温消毒的奶制品中接触到诸如李斯特菌这样的病原体会导致流产和死产。

野味
由于铅具有健康风险，应避免用铅子弹杀死的野味。

肝
肝脏、一些香肠以及肉饼含有大量的维生素A，会导致出生缺陷。

鱼
高含量的污染物意味着大型的捕食性鱼类应该被避免，而油性鱼类的摄入应该受到限制。

未煮熟的肉类
食用未煮熟的肉类会导致细菌或寄生虫感染，严重伤害胎儿。

复合维生素
最好避免含有大量维生素A的复合维生素，因为它可能对未出生的婴儿有毒。

妊娠期糖尿病

由于激素的变化或仅仅是妊娠的生理需求，胰岛素的作用被抵消，血糖水平升高，就导致了妊娠期糖尿病。如果不及时治疗，巨大儿、早产和异常分娩的风险会增加。孕期糖尿病的治疗手段包括追踪血糖和改变饮食习惯。

什么导致了食物欲望?

许多女性在怀孕期间会经历食物渴望和厌恶，这被认为是由准妈妈的荷尔蒙极度变化导致的，荷尔蒙变化会对味觉和嗅觉产生影响。

孕妇更容易感染疾病。

婴儿与儿童

在生命的最初几年，营养是健康发育的关键。婴儿的饮食必须保证均衡地摄入蛋白质、脂肪、碳水化合物、维生素和矿物质，包括对骨骼重要的钙和维生素D，以及眼睛发育需要的维生素A。

婴儿

在最初的6个月里，婴儿几乎可以从母乳或配方奶粉中得到所有需要的东西，但是母乳喂养的婴儿可能需要额外的维生素D。在此之后，一些奶应该逐渐被固体食物所取代。果泥和蔬菜泥是很好的起始选择，其次是鸡肉及其他蛋白质来源。

餐时提供一杯水

开始食用泥状食物

母乳或配方奶粉仍然是饮食的主要部分

图注
○ 奶和乳制品
● 其他食品

首次固体食物

婴儿在第一次品尝食物时往往会不喜欢，所以建议每次引入一种新的食物，即使他们不喜欢也要坚持提供。提供易于手拿的食物可以帮助婴儿学会自己吃饭。

肉、鱼和奶制品应逐步成为饮食的一部分

母亲在生完孩子后，生产了几天的初乳，然后是母乳

6~9个月

液体的饮食

母乳中含有新生儿需要的合适、均衡的营养，有助于提高他们的免疫系统，并建立肠道细菌（见第25页）。配方奶粉通常由牛奶制成，有较多的乳清蛋白和较少的酪蛋白，其与母乳相似，很容易消化。

改变肠道微生物

在第一年结束的时候，婴儿肠道里的细菌开始看起来更像成年人的。在此之前，不同婴儿之间的肠道细菌有很大的差异，这取决于环境暴露的细菌。

新生儿~6个月

9~12个月

幼儿

随着奶提供的热量所占比重降低，幼儿可以尝试多种不同的食物。但在某些方面，幼儿的饮食应该与成年人不同。例如，太多的纤维可以迅速填满小小的胃，阻止了幼儿摄入足够的热量。蛋白质（包括乳制品）也很重要。

早餐麦片是把谷物和奶制品结合在一起的好方法

用餐时可以每天喝一杯果汁

日益增长的需求

对于2～5岁的儿童来说，健康的饮食应该包括每天3～4份淀粉类食物，3～4份水果和蔬菜，以及2份蛋白质。半脱脂牛奶或其他奶制品（如酸奶和奶酪）可以取代全脂牛奶。这些都是蛋白质和钙的好来源，骨骼生长需要。

2～5岁

饮食中持续包含蛋白质，比如鸡肉

幼儿可以开始喝全脂牛奶

低脂牛奶（1%）可以用来代替半脱脂牛奶

淀粉类食物现在应该是饮食中的一部分，如奶油、南瓜和谷物

牛奶的替代品

从1岁起，宝宝的肠道就能消化含有较高酪蛋白的全脂牛奶。类似豆奶的强化替代品可以使用，但是宝宝的生长发育应该被监测，因为替代品含有的热量比全脂牛奶少。

1～2岁

米浆由于砷含量过高，不应该给5岁以下儿童食用。

> ### 孩子需要补充剂吗？
>
> 婴儿和幼儿经常不能从牛奶和食物中得到所需的所有维生素。从6个月到5岁的儿童推荐补充维生素A、C和D。

增加的食物

5岁之后，儿童的饮食应该是合理、丰富多样的，与成人的饮食类似。由于对肾脏的潜在危害性，不需要添加额外的食盐。可以食用低脂或脱脂牛奶，因为孩子们可以从食物中获得足够的热量。

5岁以上

分量

随着儿童肥胖率的上升，分量的大小十分重要。对于一个3～4岁的孩子来说，每份可能是一片面包，15克燕麦，半个苹果，或者一个鸡蛋，但这取决于活动量

饮食失调

饮食失调是一种心理健康状况，与不健康饮食和不正常的饮食习惯有关。它对数百万人的日常生活造成了毁灭性的影响，并可能导致一系列严重的医疗问题。

三种主要类型

患有厌食症的人认为自己很胖，为了保持体重尽可能低，他们会让自己挨饿。贪食症患者与厌食症患者有类似的态度，但他们会交替使用呕吐或服用泻药来进行暴饮暴食。暴食症是强迫性地吃大量的食物，经常不感到饥饿。

 在发达国家，每100名女性中就有1名会患上厌食症。

原因

饮食失调通常涉及身体畸形恐惧症的程度，它是一个人如何看待自己的负面畸形的影响。也可能有多种因素共同作用于此。

自卑

自尊心较弱的人通常有负面的身体形象。因此，他们可能会发现自己很难重视并照顾自己的身体，或者觉得有必要改变它。

遗传学

饮食失调通常发生在家庭中，所以可能是通过基因遗传，或者通过学习对食物的态度。与饮食失调有密切关系的人更有可能自己发展为饮食失调。

文化

在大众传播媒介中，人们对瘦美的强调已经扭曲了理想身材的观念，并鼓励人们将自我价值建立在外表上。

饮食失调通常会持续多久？

在澳大利亚进行的一项研究表明，患厌食症和贪食症的平均时间是8年和5年。

焦虑，包括羞愧和内疚的感觉

大脑

心脏疾病和心脏突发病的风险更高

心脏

脂肪组织

胰腺

体内脂肪含量增加会导致糖尿病

肾脏

患胰腺炎和糖尿病的风险更高

慢性肾病，甚至肾衰竭

增加骨关节炎的发病概率

骨骼

暴食

在短时间内吃大量的食物会给身体的消化系统带来很大的压力。大多数患者很可能超重或肥胖，因此会出现相关的健康问题，包括心血管疾病和糖尿病。

女性的偏见

　　女性患饮食失调比男性普遍得多，这可能反映出她们对导致饮食失调的文化压力更加敏感。男性患暴食症的比例是厌食症的两倍多。

20%
80%
暴食症

8%
92%
厌食症

图注

女性病例的比例

男性病例的比例

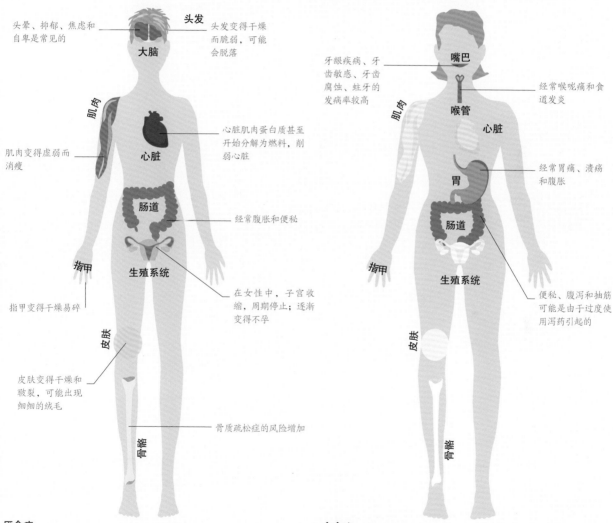

头晕、抑郁、焦虑和自卑是常见的

大脑

头发
头发变得干燥而脆弱，可能会脱落

肌肉

肌肉变得虚弱而消瘦

心脏
心脏肌肉蛋白质甚至开始分解为燃料，削弱心脏

肠道

经常腹胀和便秘

指甲
生殖系统

指甲变得干燥易碎

在女性中，子宫收缩，周期停止；逐渐变得不孕

皮肤

皮肤变得干燥和皲裂，可能出现细细的绒毛

骨骼

骨质疏松症的风险增加

牙龈疾病、牙齿敏感、牙齿腐蚀、蛀牙的发病率较高

嘴巴

喉管

肌肉

心脏

经常喉咙痛和食道发炎

胃

经常胃痛、溃疡和腹胀

肠道

生殖系统

指甲

便秘、腹泻和抽筋可能是由于过度使用泻药引起的

皮肤

骨骼

厌食症

严重的热量限制和缺乏必要的膳食营养物质会对身体造成创伤性影响，导致严重的健康问题。这些影响通常是不可逆的，如果持续一段时间，厌食症就会危及生命。

贪食症

尽管有些贪食症患者可能会保持正常体重，但他们可能会潜在患上各种与厌食症相关的健康问题。然而，由于频繁的呕吐和使用泻药，他们也可能有更多的其他问题。

食物与
环　境

养活世界

在过去的60年里，由于技术的进步和人口的增长，粮食生产的规模和效率都有所提高。然而，还是有些人挨饿。尽管随着世界人口的增长，越来越多富足的人们开始吃肉，但饥饿依然如影随形。食肉耗费的地球资源比例是极不相称的。

生物技术
高产、抗旱杂交作物和大量施用化肥、杀虫剂、除草剂等生物化学制品，使得产量显著提高。

绿色革命

在20世纪60年代和70年代，面对全球人口激增，人们普遍担心全球基础食物供应与需求之间的不匹配。许多书中都预测了一场迫在眉睫的饥荒危机，如斯坦福大学教授保罗·埃利希在1968年发表的畅销书《人口炸弹》中就有相关描述。绿色革命的成功见证了农业生产力的急剧增长。在农业机械、生物技术化学品和社会协作方面取得的成就使饥荒危机得以避免。

机械化革新
大规模的农业机械化（如灌溉机器）使规模化农业成为可能，提高了产量。

社会计划
将小型农场整合为大型农场，小型企业并入跨国农业企业，创造了全球化规模经济，并提高了产量。

食肉量增加

尽管绿色革命战绩辉煌，但我们仍然面临着食品可持续发展的挑战，其中之一就是肉食来源。在过去的50年里，全球对肉类的需求增加了5倍。在西方，肉类的日常饮食比例稳定在30%左右，在一些发展中国家，肉类的消耗量在飞速增长。畜牧业严重依赖水源、土地、饲料、肥料、燃料和废弃物可回收处理力，然而这些资源正在逐渐紧张。

全球肉类和谷物消费量
这张图表显示了全球肉类和谷物总消费量的上升趋势，并对2020年做了预测。

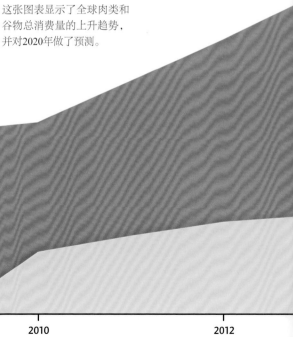

图注

■ 人均肉类消费

■ 人均谷物消费

年

2006　　　　2008　　　　2010　　　　2012

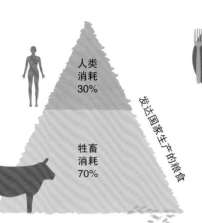

8亿
世界上无法获得足够食物的人数大约有8亿。

人类
消耗
30%

牲畜
消耗
70%

发达国家生产的粮食

动物饲料

在全世界范围内，动物（主要是奶牛）消耗了大约1/3或更多的粮食产量。在发达国家，这一比例甚至更高，大约有70%的粮食用来喂养牲畜。

什么是最可持续的食物？

可能是豆类——它们将氮重新回归到土壤中，减少或消除了对基于矿物燃料的肥料的需求，减少了二氧化碳的排放。

自2006年以来的百分比变化

吃肉的效率

在美国，牛吃饲料，以谷物为主。牛消耗超过7千克的粮食来增长1千克的体重，而1千克体重能获取约400克剔骨肉。喂食草料更有效率，但它的效率仍然远远低于直接食用植物性食物。

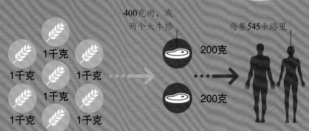

1千克 1千克
1千克 1千克
1千克 1千克
1千克

7千克谷物

400克肉，或
两个大牛排

200克

200克

牛排

每餐545卡路里

两人

吃植物性食物的效率

相比之下，7千克的谷物可以简单喂饱11个成年人。谷物种植比饲养动物消耗更少的空间、能源和劳动力。

1千克 1千克
1千克 1千克
1千克 1千克
1千克

7千克谷物

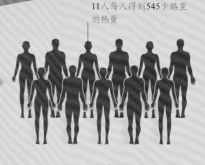

11人每人得到545卡路里
的热量

11人

2014   2016   **年**   2018   2020

10

8

6

4

2

0

集约型或有机型？

工业规模的集约型农业有助于跟上人口快速增长的节奏，但这是以自然环境作为代价的。因此，有机食品的出现迎合了我们的欲望、意识和健康观念。

集约农业

在20世纪60年代，绿色革命见证了农业的生物化学进步（见第228页），比如化肥加速作物生长，杀虫剂保护农作物免受害虫的侵害，这两种方法都有助于提高产量。然而，集约化农业对周围的生态系统有严重的影响，化肥和农药会渗入水和土壤，影响野生动植物。不仅如此，还有人担心某些食物可能含有农药残留，因为这些有毒化学物质会残留在农作物上。

阳光

集约农业
农业大区域意味着农民必须在整个田地上施用化肥和杀虫剂，而且要确保目标作物得到足够的量。

图注
- 农药
- 肥料

1 化肥径流
工业化农场的过剩肥料被雨水冲刷出田地，流入河流与湖泊，严重时会导致野生植物过度生长。

2 藻华
肥料径流能滋生藻类的过度繁殖，形成藻华。这种密集的植被可以聚集在湖面上。藻类利用所有湖泊的氧气大量繁殖，可以摧毁整个水生生态系统，并能阻挡阳光到达湖底。

湖岸上的植物生长过度

农作物

蜜蜂

农药会危害蜜蜂

1 农药径流
农药会残留在农作物上，最终被我们吃掉。这些化学物质能杀死给农作物授粉的蜜蜂。杀虫剂甚至会被雨水带进湖泊，并被生活在那里的无脊椎动物（如蠕虫）吞食。

化肥径流

农药径流

蠕虫

藻华

湖底的植物在没有阳光的情况下死亡

阳光被遮挡

有机食品是什么?

有机食品是没有使用人工化肥和杀虫剂的农作物，以及未经化学熏蒸处理和储存的食品。有机食品使用天然手段，如使用粪便这种天然肥料，利用害虫天敌——瓢虫来控制破坏作物的蚜虫等害虫。有机食品的组成标准会有所不同。有机食品对那些关心健康的人来说很有吸引力，因为有机食品农药残留水平更低。

没有人工肥料

没有人工杀虫剂

全球40%的人口依赖使用氮肥种植的作物。

肉可以是有机的吗?

如果牲畜以有机饲料喂养的话，它们的肉就是有机的，这些牲畜经常外出活动，没有喂养生长激素，只有在动物生病时才使用抗生素。

食物中的杀虫剂会影响我们的健康

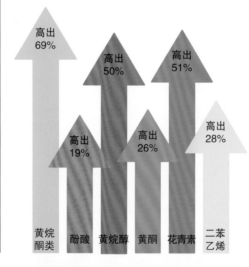

高出69%					
高出19%	高出50%		高出51%		
		高出26%		高出28%	
黄烷酮类	酚酸	黄烷醇	黄酮	花青素	二苯乙烯

营养的区别
关于有机食品是否真的优于非有机食品一直存在争论，一些研究对这些说法提出了质疑。2014年的一份综述发现，平均而言，有机食品中的六种抗氧化剂（见第110～111页）的含量更高，农药残留也更低。

2 食物链
农药在食物链中累积。蠕虫可能只含有少量农药，但如果鱼吃了足够多蠕虫，那么鱼就会含有更多的农药。在食物链顶端的动物，甚至是人类，就会累积更多的农药。

有机食品的价格

有机食品更昂贵，因为一般来说，有机食品产量较低，且间接成本较高。例如，有机乳制品的产量通常比普通的低1/3，因此为了盈利，有机食品价格会更高。此外，额外的成本还包括农民培训，不使用化学熏蒸剂的处理和储存，较短的作物寿命，以及较高的食物腐败率。

培训

分布

加工处理

包装

存储成本

工厂养殖或自由放养？

集约化牲畜饲养方法使肉类更便宜、更广泛，但也需要考虑其伦理问题。集约化农业对动物的福利产生影响，并影响食品营养。

集约化饲养的伦理问题

大规模的牲畜农业的养殖可以归因于圈养动物饲养（CAFO）的爆炸性增长。这些工业农场中动物的数量非常密集，圈养在很小范围内，使用含有诸如抗生素和激素等强化剂的谷物来喂养。圈养动物饲养通过快速生产大量肉类来推动经济，但它是以动物福利、营养价值（见第71页）和环境为代价的。集约化饲养动物使得动物在大部分生活时间中备受压力，而这一伦理问题会对更快乐更健康地饲养动物产生影响。

生活空间

母鸡可以在不同的条件下饲养（见背面），动物在其一生中所能生存的空间也会因国家而异。这儿的数据是从得克萨斯州奥斯丁的一个农场获得的。

自由放养的母鸡平均拥有面积为1平方米的活动空间，同时可以外出活动

快乐的动物能生产出更好的肉吗？

家畜，如牛和猪，允许在外面觅食，通常受到的压力较少。但实际上是它们在外面吃的天然的草和坚果，使它们的肉质更有营养。

牧场饲养的母鸡平均有10平方米的活动空间。

天然的饮食

以天然的树叶和坚果为食物的猪的饮食中通常含有更健康的ω-3脂肪酸（见第136页），这意味着它们的肉中含有更多的ω-3脂肪酸。

ω-3脂肪酸　　草

工厂化饮食

工厂养殖的猪主要以玉米为食，饮食中含有非常多不健康的多不饱和ω-6脂肪酸（见第136页），它们的肉中也发现含有高含量的这类脂肪酸。

ω-6脂肪酸

玉米喂养

牧场饲养

自由放养

笼养的母鸡生活在
只有450平方厘米大
的空间里，没有在
外面漫步的机会。

笼养

在圈养动物饲养的**废物**中排放了**超过168种气**体，其中一些是**危险的**化学物质。

过度使用抗生素

　　一些农民给未感染的动物注射抗生素来预防疾病，这是不正确使用抗生素的行为。然而，养殖农户这样做是因为抗生素能够使动物体重快速增加，从而提高肉类产量。这种过度使用抗生素的行为会导致牲畜和人类体内抗生素耐药性细菌的传播。这些细菌可以战胜益生菌，并可能爆发成为我们没有防御手段的"超级细菌"。

饲养动物的类型

　　在食物标签上经常会出现一些令人困惑的术语，它们描述了某些农业活动，但有很多术语的意思与消费者所认为的不同。甚至在一个范畴内，也会有广泛的变化。尽管自由放养听起来是如田园诗一般，但鸡在它们的大部分生活中可能仍然生活在高度密集的地方，因为它们每天只能外出活动一小段时间，一些农民从来没有积极地将它们放养到牧场里。为了使动物保持良好的健康状况，经常有一些自愿的农业活动，生产者必须加入认证计划，并由当局检查，才能将福利标签贴在他们的产品上。下面的表格里提供了关于牛肉或鸡肉上常见标签的说明。

分　类	定　义
自由放养	自由放养的衡量标准可以简单地概括为有机会到外部空间，无论多远，但动物可能永远不会真正地外出。鸡可以生活在高度的环境中，可以被断喙（它们的喙被切除），牛也可以生活在高密度的环境中。
畜棚饲养	动物没有关在笼子里饲养，但它们被限制在室内，保持较高的密度，通常被断喙（比如鸡），不允许觅食或吃草。
有机饲养	这主要指的是用有机饲料喂养，并且禁止使用抗生素和激素。有机饲养通常包括较高的福利标准，如户外时间和鸡喙的保留。
食草饲养	断奶后，动物只能吃草。吃天然草饲料的奶牛会生产更有营养的肉和奶（见第89页）。
牧场饲养	这与食草喂养相似，尽管有些谷物饲料是允许的。牲畜在户外饲养，吃一些营养丰富的饲料作物。

公平贸易

少量的大型全球连锁公司主导了复杂供应链的各个环节，它们把食品从田间带到餐桌上。强大的企业利用它们的影响力来使利润最大化，这使得发展中国家的食品生产商仍处在贫困中。公平贸易可以同样地帮助农民和商人。

公平贸易是什么？

公平贸易原则是在做生意时用到的。然而，企业只有加入确保他们的供应链遵循严格的指导方针的认证机构，食品才能被贴上"公平交易"的标签。这些原则包括公平地支付农民和工人的工资，并向发展中国家的农民提供在国际市场上销售农产品的机会。公平贸易食品使消费者有机会在供应链的另一端帮助农民。支持公平贸易的组织与世界各地数百万农民合作，特别是那些生产水果、糖、可可、茶叶和咖啡的农民。

有什么选择吗？

一些咖啡烘焙商与买家进行一对一的谈判（直接贸易）作为公平贸易的一种选择，他们这样做有很多原因，包括避免公平贸易认证费用。

农场

1 农民和一些工人可以在公平贸易认证的农场（或种植园）种植香蕉。公平贸易计划提供了他们所需要的材料。

合作社

2 农场的利润是平均分配给当地合作社的成员，他们是农场合作者。

进口

3 公平贸易的进口商减少了从中获利的中间商的数量。生产者和投资者可以影响利润分配。

运输

4 香蕉运输是通过与零售商（尤其是大型超市）的运输网络联系起来的。

存储

5 香蕉储存在大约14℃的环境中可以延长保质期。这有助于农民在季节性、环境和经济波动的情况下销售农产品。

超市

6 现在大多数超市都有公平贸易产品，但促使公平贸易食品出现的主要驱动力更大程度上是消费者的选择。

全球生产商

世界上大部分的粮食供应都是由几家相对较大的公司控制的。他们监督生产、分配并获得大部分利润。这意味着它们影响着消费者的口味和需求，因此形成一个难以打破的循环。

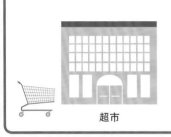

超市

公平贸易的香蕉

公平贸易香蕉的价格虽然一部分分配给当地社区，另外一部分给公平贸易的认证者，但是更大的一部分是付给农民和工人的。零售商最终从公平贸易的香蕉中获得更大利润，这样他们就有促进公平贸易的动机。

香蕉生长在厄瓜多尔，卖给欧盟

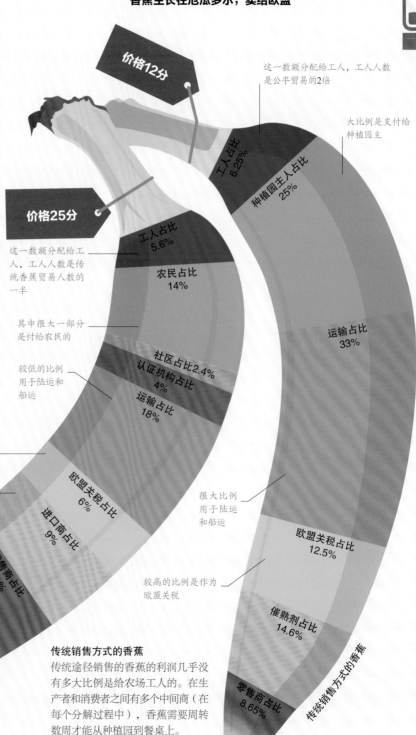

价格12分

这一数额分配给工人，工人人数是公平贸易的2倍

大比例是支付给种植园主

工人占比 6.25%

种植园主人占比 25%

价格25分

这一数额分配给工人，工人人数是传统香蕉贸易人数的一半

工人占比 5.6%

农民占比 14%

其中很大一部分是付给农民的

较低的比例用于陆运和船运

社区占比2.4%

认证机构占比 4%

运输占比 18%

运输占比 33%

较低的比例是欧盟关税

很大比例用于陆运和船运

较低的比例支付给进口商

欧盟关税占比 6%

进口商占比 9%

很大的比例付给零售商

零售商占比 41%

欧盟关税占比 12.5%

较高的比例是作为欧盟关税

催熟剂占比 14.6%

传统销售方式的香蕉

传统途径销售的香蕉的利润几乎没有多大比例是给农场工人的。在生产者和消费者之间有多个中间商（在每个分解过程中），香蕉需要周转数周才能从种植园到餐桌上。

零售商占比 8.65%

传统销售方式的香蕉

公平贸易的香蕉

食品欺诈

　　食品总是有需求市场的，有金钱交易的地方就有欺骗的动机。食品欺诈的规模远远超出大多数人的想象，对人类健康造成严重后果。

什么是食品欺诈？

　　食品欺诈可以有多种形式，包括替代、稀释、掩盖原产地、人工增强、标签错误、盗窃和转售、假冒伪劣，以及故意分发受污染的食品。食品欺诈问题的规模是前所未有的，但是它本身已经持续了几个世纪。

马肉丑闻

　　2013年，DNA检测显示，在一些加工食品中，比如汉堡和烤宽面条，大部分声称为牛肉的肉馅实际上被检测为马肉。复杂的供应链使得人们很难确证肉类的起源。

稀释

乳清　　　植物油

牛奶是最常受到欺诈影响的食物之一。用便宜的添加剂稀释牛奶，比如乳清和植物油，可以节省造假的成本。多个原产地的牛奶在复杂的供应链中混在一起，使得食品欺诈更加容易。

替换

金枪鱼

罗非鱼

当消费者甚至是零售商很难分清一种极具价值的产品时，诈骗者就能很轻易地使用更便宜的替代品。例如，市面上的金枪鱼和神户牛肉很大比例上是其他肉类替代的。

标签错误

错误标注的蜂蜜

特定产地的产品可能更有价值。来自新西兰的麦卢卡蜂蜜有较高的溢价，导致非麦卢卡蜂蜜普遍被错误标注为更昂贵的种类。

不必要的添加

沙子　　　草

最有害的是，一些不需要的甚至有毒的添加剂被用来批量生产食物，欺骗检测部门，或者作为昂贵原料的替代品。例如，茶叶中可能掺入树叶、草坪插枝、有色锯末，甚至沙子。

下滑的业务

在2014—2015年的一项调查中，无论是国内还是国际，意大利人食用的大部分橄榄油都不是来自任何已知的橄榄油生产商。下滑的原因很可能是便宜的油品充作受欢迎的橄榄油。

2015年全球食品行业市场有**1.7万**亿美元食品欺诈。

意大利人消费了1.4万吨标签正确、国内生产的橄榄油

1.4万吨的国内消费

意大利进口了10万吨标签正确的国外橄榄油

10万吨的进口

40.7万吨的橄榄油供应缺口不知道具体来源

橄榄油欺诈

当这些数字与应有数量不符的时候，就会有间接的欺诈证据。意大利的橄榄油就是一个很好的例子。意大利人是橄榄油的最高消费者之一，但他们的国内产量无法满足这一需求，特别是大多数橄榄油都是出口的。即使是进口10万吨，也无法解释将近50万吨的消费量。2014—2015年的分析表明，许多低品质的橄榄油被错误标注为特级初榨橄榄油。众所周知，假冒伪劣者可以通过添加颜色和香味来实现这种欺诈。

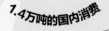

40.7万吨供应缺口

意大利人坚信他们消耗了52.1万吨橄榄油

52.1万吨总消费量

人们能做些什么来避免食品欺诈？

可以查看所买的食物的供应链信息，但如果供应链很长，这可能很费时间。从你信任的供应商那里购买可能是不错的选择。

假鱼？

海洋保护组织于2013年进行了一项关于美国各地出售的鱼类样本的调查研究，利用DNA分析来揭示该物种是否符合标签注明。他们发现，大约1/3的样本不是他们声称的那样，例如，有28种不同的物种被当作红鲷鱼出售。

在美国，只有2%的海鲜被检查为欺诈

食物浪费

　　全球范围内浪费的食物能够轻易地喂饱地球上那些正挨饿的人们。食物浪费不仅耗费金钱，而且破坏环境，同时浪费可能发生在食品生产过程的各个阶段。

食物浪费的影响

　　食物在生产和供应过程的每个阶段都可能被浪费，这是一个对发达国家和发展中国家都有影响的问题。食物浪费不仅花钱，还抬高食物的价格，同时对环境产生严重的影响，每年因食物浪费而释放出30亿吨温室气体。水、能源和空间被浪费在生产和分配那些永远不会被吃的食物上，全球28%的农业用地都种植了浪费的食物，而当食物垃圾腐烂时，会释放甲烷，这是一种强有力的温室气体。

 在全球范围内，为人类生产的所有食物中有1/3都被浪费掉了。

如何减少浪费

　　我们个人也可以帮助减少浪费。具体步骤包括：规划餐食；提前准备食物；冷冻或重新利用剩菜；购物少而增加频次；购买接近保质期的食品；购买散装而非成组的产品；购买奇形怪状的水果和蔬菜，防止超市丢弃它们。

西红柿

胡萝卜

土豆

100%

食物在什么时候被浪费了
这张图表显示了在每个阶段被浪费的粮食数量。这些都是全球数据；在发展中国家，浪费发生在开始的阶段，由于缺乏冷藏和储存能力导致食物腐败；而在发达国家，大多数浪费发生在末期，因为人们更能负担得起购买和浪费食物。

67%

-11.5%

5 消费
大部分食物的浪费都发生在消费阶段，特别是在发达国家，食物被购买或准备好后仍然扔掉了。

-4%

78.5%

4 销售和市场
零售商扔掉那些消费者不会挑选的食物，甚至是那些对消费者来说没有美感的食物（比如奇形怪状的蔬菜）。

1 农业
一些农民，特别是发展中国家的农民，拥有有限的农业资源、基础设施和技术知识，这可能导致农产品产量下降。

92%

-8%

食物垃圾可以回收吗?

食物垃圾可以埋进土壤中，或者用微生物发酵来制造肥料。发酵过程中产生的气体可以收集并用于发电。

-8%

2 收获后和宰杀
不适当的储存技术和简单的冷冻设施可能会导致一些食物变质或腐败。

84%

什么样的食物是被浪费的?

造成浪费的最大原因是易腐败性。保质期短或者是容易损坏的食物是容易被浪费的。这意味着，容易破损的水果、蔬菜、根茎和块茎类食物更容易被浪费，其次是保鲜期很短的鱼和海鲜。肉类很少被浪费，但由于生产肉类需要更多的土地，会破坏自然栖息地，因此这种浪费对环境影响更大。

-1.5%

82.5%

3 加工和包装
错误的加工处理方式会导致进一步的浪费。例如，未经正确消毒的牛奶（见第84页）可能会被丢弃。

浪费的比例

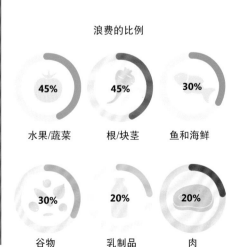

45% 水果/蔬菜

45% 根/块茎

30% 鱼和海鲜

30% 谷物

20% 乳制品

20% 肉

食物里程

　　饮食长期以来都受到季节和产地的限制，直到最近几年，现代交通的快速发展意味着西方消费者可以随时购买任何食物，但是环境要付出的代价是什么呢？

当地和全球

　　当地的食品运动是以减少工业和农业对环境的影响为基础的。最明显的目标之一是减少食物从源头到市场长距离运输所造成的污染，这就是食物里程的概念。事实上，食物里程的真正的影响很难被取消。例如，当地供应商将当地农产品送到家门口会比步行去超市购买从国外运来的食品产生更多的排放。

在美国，超过15%的食物是进口的。

季节性

　　在现代食品消费中，食品里程增加的主要原因是人们对各种食品的需求，不管它是否对应季节。例如，水果在任何一个地区都受季节限制供应，但是供应商通过从遥远的产地进口食物来解决这个自然限制，或者通过巨大规模地存储水果来解决（许多"新鲜"的苹果实际上是在几个月前采摘的）。

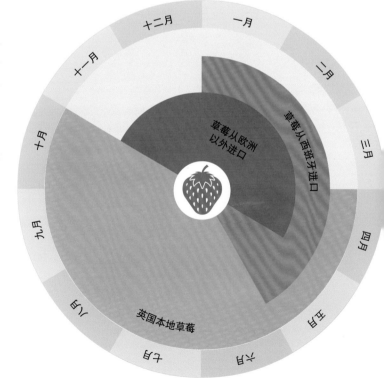

英国草莓
英国草莓种植者已经设法延长了它们在国内的生长季节，但供应商仍然转向进口，以保证一年内其他五个月的货架上有货物。

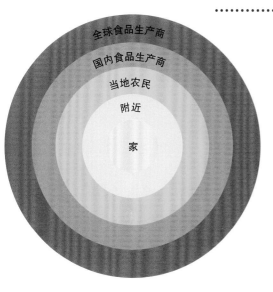

靶心饮食
当地食品运动的支持者们制作了这个简单的指南，促使消费者考虑他们可以支持的生产区域来减少他们的环境足迹。在这个中心，你可以在自己的花园甚至是窗台上种植，而外部环境对你的饮食贡献应该越来越少。

采购猪肉饺子的原料
评估一道菜肴运输成本的一种方法是看它的"食物支流"，类似于河流的支流，可以显示出所有贡献的来源。

食物里程真的很重要吗？

一些专家对食品里程是食品生产中最重要的部分表示怀疑。据估计，交通运输仅占食品使用能源的3.6%。食物本身的品质比它来自哪里影响更大。严格素食者的碳足迹远远低于肉食者，因为肉类需要更多的能量来生产。事实上，当地的食品运动以工业农业为目标，而不单单是把食物里程降到最低。

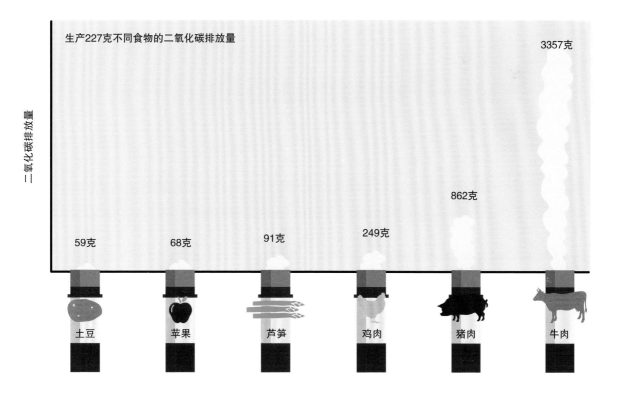

生产227克不同食物的二氧化碳排放量

二氧化碳排放量

59克	68克	91克	249克	862克	3357克
土豆	苹果	芦笋	鸡肉	猪肉	牛肉

转基因食品

转基因食品是食品生产和农业领域的新食物，有关它们的大肆宣传、不和谐和有意误导的信息掩盖了评判转基因食品的风险和回报仍需理性辩论的事实。

转基因食品是什么？

转基因食品是通过基因工程技术改变或操纵了特定基因的农作物。传统的育种是在很长一段时间内混合成百上千的基因，但这个过程延续了好几个时代。转基因技术可以瞄准一个基因，使基因从一个物种转移到另一个不相关的有机体成为可能，例如从细菌到植物。这种改变不可能通过传统的植物育种来实现。

转基因食品

市售的转基因食品有八种：玉米、大豆、棉花（用于榨油）、油菜籽（也是油的来源）、南瓜、木瓜、甜菜（用于糖）和苜蓿（用于动物饲料）。

插入基因

将来自一个物种的理想基因移植到一个新物种上。苏云金芽孢杆菌的杀虫基因已经被植入玉米的DNA中，产生出一种能杀虫的作物。

从细菌中提取的插入玉米的杀虫基因

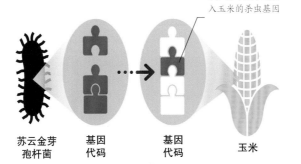

苏云金芽孢杆菌　　基因代码　　基因代码　　玉米

抑制基因

或者，生物体可以通过关闭基因来改变，这样它们就不会表达自己。一些水果，比如西红柿，关闭了软化基因，所以它们会持续更长时间。这种方法并不常见。

基因关闭

基因代码　　西红柿

为什么要创造转基因食品？

转基因食品是为了使更多的农作物能够抵抗害虫和疾病，能够生存下来，并提高产量。抗除草剂作物可以让农民更有效地使用除草剂来杀死杂草，而且作物甚至可以通过基因改造来提高营养价值。

控制害虫

应对作物疾病

应对杂草

改变营养

转基因食品的争论

　　尽管反对转基因食品的观点和激进主义盛行，但没有很好的证据或科学且大规模的研究支持转基因食品对人类健康构成威胁的说法。理性的反论点是，转基因食品在未经知情同意的情况下，进行了一个庞大的公共健康实验。新基因在野生种群中的传播对环境也产生了未知的影响。与此同时，食品行业并没有等待这场争论得出定论，转基因食品在美国等国家很常见。

支持转基因食品的观点

素食者的选择
如果含有特定基因，植物可以含有肉类和奶制品成分（如维生素B_{12}），这可能为严格素食者开辟了新的饮食途径。

是好还是坏？
支持者认为转基因食品确实有好处，但也有生物、环境和经济方面的顾虑。以下是一些支持和反对的观点。

反对转基因食品的观点

患病的风险
一些转基因作物是单一栽培（基因相同），这种基因相似性意味着它们都可能同样容易受到相同的传染性疾病的伤害。

更少的化学物质
抗虫害、快速生长的转基因作物意味着对杀虫剂和肥料的需求减少，这对环境有利（见第230~231页）。

更多的化学物质
如果转基因作物培育出对除草剂的抗药性，农民就可以自由使用更多的除草剂，这样可以杀死农场周围的天然植物，导致下游的环境被破坏。

全球需求
为了满足人口不断增长的需求，需要改进作物来适应困难和多变的环境条件，同时增加营养。

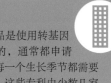

企业权力
转基因食品是使用转基因生物生产的，通常都申请了专利，每一个生长季节都需要重新购买。这些专利由少数几家大型跨国公司控制。

美国出售的**90%**的大豆、玉米、棉花、油菜和甜菜都是**转基因**的。

过度捕捞与可持续渔业

　　鱼类食物比以往任何时候都更受欢迎，部分原因是人们越来越意识到它们对健康的益处。但世界上无法满足的食欲几乎耗尽了曾经看似无限的海洋资源，给生态系统带来了灾难性的后果。养鱼和可持续的捕鱼可以为这些问题提供解决办法。

鱼的全球饥荒

　　为了获得足够的蛋白质，世界上大约有30亿人依赖于野生捕获或养殖的海产品，包括鱼类。平均来说，现在每人的海产品消费量是1950年的4倍。为了满足这一巨大需求，全球渔业已经突破了它们的极限。当鱼类种群持续下降时，它们就会被过度捕捞，这是不可持续的，因为这些鱼的数量和种类迟早会因为太缺乏而无法支持捕渔业，更糟的甚至会完全灭绝。联合国粮食及农业组织（UNFAO）指出，根据目前的人口预测，到2030年，我们每年还需要3630万吨（4000万吨）的海产品来满足目前的消费速度。

捕鱼在增长

自20世纪50年代以来，全球野生渔业和水产养殖的数量一直在迅速增加。到了20世纪90年代，随着鱼类资源的枯竭，野生渔业开始减缓。与此对应，水产养殖业发展迅速，而且还在持续增长。

图注

● 鱼类养殖

● 野生渔业

吃金枪鱼合适吗？

曾经富饶的蓝鳍金枪鱼现在已经濒临灭绝，许多其他的金枪鱼物种也有相当程度的减少。它们是大型掠食者，像大型猫科动物或猛禽一样，它们本来就是稀缺的，所以我们不能吃得太多或太快。

年

84% 的鱼类资源要么充分利用，要么过度捕捞。

| 1950 | 1960 | 1970 |

如何可持续地捕鱼

　　可持续的渔业保护鱼类种群，并使得它们自我补充。可持续的渔业包括一系列的良好措施，例如：设置禁止捕捞区，在那里捕鱼是非法的；不要拖网，以免破坏珊瑚礁等脆弱的生态系统；防止欺诈行为，禁止渔民误报捕捞量；通过使用允许小鱼苗和其他意外捕获物种逃脱的渔网，减少误捕捞；购买其他没有被过度捕捞的鱼类；用渔线和渔竿捕鱼，它的目标是个体鱼而不是整个鱼群。

禁止捕鱼区

禁止拖网捕鱼

防止欺诈行为

减少误捕捞

替换资源

渔线和渔钩

人工养殖是解决方案吗?
人工养殖包括鱼和其他海鲜，通常是饲养在巨大的池塘或网状的围栏里。人工养殖方式是否是可持续的取决于它们所吃的鱼饲料是否是可持续的。

全球鱼类捕捞量（百万吨）

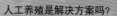

- 160
- 140
- 120
- 100
- 80

大西洋鳕鱼的崩溃

　　渔业崩溃最引人注目的例子之一是纽芬兰岛大浅滩的鳕鱼。鳕鱼曾经在这个地区很丰富，有可能用篮子直接把它们从海里舀出来。20世纪60年代，工业船舶的使用导致了大量的捕捞，但在20世纪90年代，捕捞被禁止，捕捞量迅速下降。由于鱼苗很快就被捕食者吃掉，所以鳕鱼恢复很慢。成年鳕鱼通常会吃掉鱼苗的捕食者，但因为缺少成年鳕鱼的保护，很少有鳕鱼能长大。

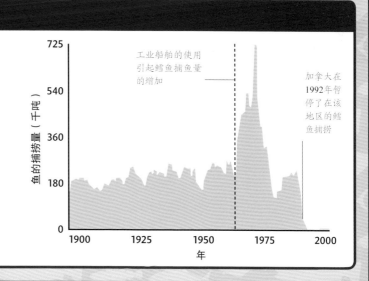

- 60
- 40
- 20

未来的食物

食品生产和农业背后的技术持续发展，带来了更高效、可持续的大规模生产食品的方法。

未来的农场

未来的农场将要养活更多快速增长的人口，他们需要更多更好的食物。农场还必须应对气候变化、土壤退化、水资源短缺、外来虫害和新的疾病等挑战。为了面对这些挑战，满足需求，人们正在通过重新利用古老文化的农业智慧，或者创造全新的控制系统，来探索创新的解决方案。

2 太阳能
表层海水流经温室屋顶的管道，被太阳加热。太阳能电池板收集阳光产生电能，为风扇和输送海水的泵提供动力。

3 空气湿润
灼热的海水顺着另一堵多孔的墙流下。凉爽、潮湿的空气经这道墙时，会被加热，甚至可以获得更多的水分。

海水温室
在炎热干旱的海滨地区，农作物无法生长，海水温室会创造宜人的生长环境，并创造出淡水来灌溉农作物。

海水被太阳加热

海水从吸附墙壁上滴下来

灼热的海水滴下来

凉爽、潮湿的空气创造有利的生长条件

热空气被水蒸气饱和

灰尘

水分

热的、尘土飞扬的空气

凉爽、潮湿的空气

冷凝器

淡水灌溉庄稼　农作物

淡水凝结

1 利用海水
表面的海水被泵出，并沿着一个多孔的、吸水性强的硬纸板墙流下。外面的热空气通过风扇产生的气流穿过墙壁，在此过程中，它会被冷却。

海水流回大海

淡水储存

表层海水

海洋深层水

海水排水

5 灌溉
淡水可以用来灌溉温室里的庄稼以及周围地区的其他农作物。与传统的温室一样，大量的农产品都可以在海水温室种植，如西红柿、黄瓜、辣椒、生菜、草莓和香草。整个过程通过计算机控制。

4 淡水凝结
冰冷的深层海水通过一系列垂直的管道注入冷凝器中。当温室里湿热的空气遇到这些管道时，淡水在管子的表面上凝结，然后收集在一个储罐中。海水中的盐分可以作为有用的副产品收集起来。

肉类的新来源

　　世界各地对肉类的需求日益增长，但一些国家饲养牲畜的效率低下（见第228~229页），这意味着急需寻找一些肉类的替代资源。昆虫已经被许多人食用（见第148页），而且可能是更可持续的肉类来源。相比于一头牛的可食部分占比只有40%，蟋蟀80%的身体是可食用的，而且100克的蟋蟀比同质量的牛肉含有更多的蛋白质。

80%可食

40% 可食

蟋蟀　　　　　　　　牛

火星上的温室

　　火星土壤中含有植物生长所需的大部分营养物质，但火星上几乎没有空气，温度极低，没有流动的水源，还含有破坏性的辐射。有人提议利用温室来聚集太阳能并收集气体来创造生长条件。

重构想法

　　中世纪的阿兹特克人在没有泥土的情况下，将作物悬挂在湖泊之上种植。如今，菜鱼共生的农业系统利用了类似的措施，它是将养鱼和无土栽培结合起来。菜鱼共生系统可以独立运行，因此可以成为一种更加可持续的养鱼和种植作物的方式。

日本的科学家们正在设计一间厨房，它可以为准备食物提供指南。

植物

天然肥料
微生物和堆肥蠕虫以鱼的排泄物为食，并将其转化为供给植物的天然肥料。

鱼排泄物

食物来源
鱼的排泄物为微生物和堆肥蠕虫提供了食物来源。

鱼

清洗
植物和鱼生长在同一水域里。它们能净化水，有助于保持鱼的健康。

索引

加粗的数字为主词条所在页码。

致谢

DK出版社在此感谢Marek Walisiewicz, Sam Atkinson, Wendy Horobin和Miezan van Zyl的编辑协助；感谢Simon Murrell, Darren Bland, Paul Reid, Clare Joyce, Renata Latipova 的版面设计援助；感谢Harish Aggarwal, Priyanka Sharma和 Dhirendra Singh的封面设计援助；感谢Helen Peters的索引编 制工作；感谢Ruth O'rourke的校对工作。